创新职业教育系列教材

涂装前工艺

晏云威　黄　平　主编

中国林业出版社

图书在版编目（CIP）数据

涂装前工艺／晏云威，黄平主编．—北京：中国林业出版社，2015.11
（创新职业教育系列教材）
ISBN 978－7－5038－8210－4

Ⅰ.①涂…　Ⅱ.①晏…　②黄…　Ⅲ.①涂漆－工艺学－技术培训－教材
Ⅳ.①TQ639

中国版本图书馆 CIP 数据核字（2015）第 254426 号

出版：中国林业出版社（100009　北京西城区德胜门内大街刘海胡同 7 号）

E-mail：Lucky70021@ sina. com　电话：010－83143520

发行：中国林业出版社总发行

印刷：北京中科印刷有限公司

印次：2015 年 12 月第 1 版第 1 次

开本：787mm×1092mm　1/16

印张：14.5

字数：260 千字

定价：29.00 元

创新职业教育系列教材
编委会

主　　任　李　军

副 主 任　沈士军　徐守军　何元林

委　　员　张　峰　高恩广　薛　朋　夏端武　边兴利

　　　　　董振英　仝西广　于永林　吴长青

组织执行　张　峰

《涂装前工艺》
作者名单

主　　编　晏云威　黄　平

参　　编　朱　军　范广军　卢　勇　吴新府

序　言

"以就业为导向，以能力为本位"是当今职业教育的办学宗旨。如何让学生学得好、好就业、就好业，首先在课程设计上，就要以社会需要为导向，有所创新。中职教程应当理论精简、并通俗易懂易学，图文对照生动、典型案例真实，突出实用性、技能性，着重锻炼学生的动手能力，实现教学与就业岗位无缝对接。这样一个基于工作过程的学习领域课程，是从具体的工作领域转化而来，是一个理论与实践一体化的综合性学习。通过一个学习领域的学习，学生可完成某一职业的典型工作任务（有用职业行动领域描述），处理典型的"问题情境"；通过若干"工作即学习，学习亦工作"特点的系统化学习领域的学习，学生不仅仅可以获得某一职业的职业资格，更重要的是学以致用。

近年来，几位职业教育界泰斗从德国引进的基于工作过程的学习领域课程，又把我们的中职学校的课程建设向前推动了一大步；我们又借助两年来的国家示范校建设契机，有选择地把我们中职学校近年来对基于工作过程学习领域课程的探索进行了系统总结，出版了这套有代表性的校本教材——创新职业教育系列教材。

本套教材，除了上述的特点外，还呈现了以下特点：一是以工作任务来确定学习内容，即将每个职业或专业具有代表性的、综合性的工作任务经过整理、提炼，形成课程的学习任务——典型工作任务，它包括了工作各种要素、方法、知识、技能、素养；二是通过工作过程来完成学习，学生在结构完整的工作过程中，通过对它的学习获取职业工作所需的知识、技能、经验、职业素养。

这套系列教材，倾注了编写者的心血。两年来，在已有的丰富教学实践积累的基础之上不断研发，在教学实践中，教学效果得到了显著提升。

课程建设是常说常新的话题，只有把握好办学宗旨理念，不断地大胆创新，把所实践的教学经验、就业后岗位工作状况不断地总结归纳，必将会不断地创新出更优质的学以致用的好教材，真正地为"大众创业、万众创新"做好基础的教学工作。

沈士军

2015 年岁末

前　言

  涂装前工艺是基于汽车车身修复岗位工作任务开发的一门专业核心课程。

  基于汽车车身修复专业工艺与流程的"工作过程导向、工学交替育人"的人才培养模式，开发以职业岗位能力、工作任务驱动、做学融合的课程体系。依据汽车车身修复岗位能力阶梯递进培养的需要，遵循课程开发的原则，在专业建设咨询委员会专家的指导下，按照"以胜任职业岗位需要为目标、以职业能力培养为主线"和"学习领域型"课程的开发步骤，通过车身修复职业岗位和典型工作任务分析，按照这些典型工作任务类别和之间的关联，重新构建以专业岗位群的职业能力为本位、以专业工艺流程为主线的课程体系。本书以工作能力进阶式培养为原则，课程模块将工作任务与专业理论知识的整合，将职业工作岗位的综合素质培养融入课程教学中，强调对工作过程知识的学习，培养学生综合的职业能力、专业基础开发等理实一体化课程。课程的内容体现针对性、突出应用性、凸显实用性。

  不断加强人才培养评价体系改革，形成由学校、行业、企业、家长组成的多元评价主体，突出以提升岗位职业能力为重心，参照行业和企业所制定的标准制定评价体系，推行以"知识＋技能＋素养"为主要考核内容，以规范完成工作任务为重点，突出以提升岗位职业能力为重心，同时注重学生职业素养评价以及学生关键能力发展评价。

  本书由晏云威、黄平担任主编。具体分工为：朱军(学习情境一　汽车涂装安全防护与环境保护)，晏云威(学习情境二　施工分析与羽状边打磨、学习情景三　底涂层施工)，范广军、卢勇(学习情境四　原子灰施工)，吴新府(学习情境五　中涂施工)，黄平(学习情境六　翼子板素色漆施工、学习情境七　翼子板银粉漆施工)负责各学习情境的编写任务。

  本书由编者和上海 PPG 有限公司联合开发，同时配有相关的教学资源和学习资源，包括实习任务书、试题库等训练内容。

  由于编者水平有限，在编写中错误之处在所难免，敬请读者批评指正。

编　者

CONTENTS 目录

学习情境一　汽车涂装安全防护与环境保护

学习目标

1. 熟悉工具的安全使用注意事项。

2. 掌握安全防火知识。

3. 能安全使用汽车涂装的工具和设备，正确处理发生的火灾。

4. 了解涂料的毒性对人体的影响。

5. 掌握人身安全防护知识。

6. 在涂装施工过程中能够随时采取合理的安全防护措施。

7. 了解厂区安全事项。

8. 了解厂区周围的环境保护知识。

9. 能够对厂区可能存在的安全隐患和环境污染提出意见或建议。

情境导入

某维修站涂装技术员老张，工作十多年以后，手上皮肤变得粗糙，而且在工作期间引起一次溶剂着火，差一点酿成火灾事故。因此，作为车身修复维修人员必须做好安全防护和环境保护。

学习任务一　工具的安全使用与防火

【学习目标】

1. 熟悉工具的安全使用注意事项。

2. 掌握安全防火知识。

3. 能安全使用汽车涂装的工具和设备，正确处理发生的火灾。

1

【学习内容】

1. 涂装工具的安全规范使用。
2. 涂装作业的操作规程。
3. 火灾救护。

项目 1　涂装工具与设备的安全使用

一、涂装工具与设备的安全使用

涂装车间使用的工具和设备有手动工具、电动工具、气动工具和一些大型设备等。正确使用这些工具和设备是安全生产的根本保证。使用涂装工具和设备基本的安全注意事项如下。

(1)手动工具要保持清洁和完好。应经常清洁工具，检查其是否有破损，以免使用时发生机械事故，伤及人身。

(2)使用锐利或有尖角的工具时应当小心，以免不慎划伤。

(3)不要将旋具、手钻、冲头等锐利工具放在口袋中，以免伤及本人或划伤汽车表面。

(4)专用工具只能用于专门的操作，不能移作它用。

(5)使用电动工具之前应检查是否接地，检查导线的绝缘是否良好。操作时，应站在绝缘橡胶地板上进行(或穿有绝缘靴)。无保护装置的电动设备不要使用。

(6)必须确认电动工具上的电路开关处于断开位置后，才允许接通电源。电动工具使用完毕，应切断电路，并从电源上拔下来。

(7)清理电动工具在工作时所产生的切屑或碎片时，必须让电动工具停止转动，切勿在转动过程中用手或刷子去清理。

(8)用气动或电动工具从事打磨、修整、喷砂或类似作业时，必须戴安全镜。在小零件上钻孔时，禁止用手握持，必须用台钳夹住。

(9)气动工具必须在规定的压力下工作。当喷嘴处于末端时，用以吹除灰尘的压缩空气的压力应保持在 200kPa 以下。

(10)使用液压机具时，应保持液压压力处于安全值以下，操作时应戴安全眼镜，并站立在液压机具的侧面。

(11)只有经过培训的工人才能在涂装岗位上进行作业。

二、安全操作规程

安全操作规程是在生产过程中保证工作人员作业安全和工具设备使用安全的规定。汽车涂装工作条件较差，操作者大多在充满溶剂气体的环境中作业，不安全因素较多。为了保证生产安全，操作者必须熟知汽车涂装的作业特点及工具设备的合理操作方法。

1. 涂装人员安全操作规程

(1)操作前根据作业要求，穿好"三紧"或连裤工作服和鞋，戴好工作帽、口罩、手套、鞋罩和防毒面具。

(2)操作场所应通风良好。

(3)在用钢丝刷、锉刀、气动或电动工具进行表面处理时，需戴防护眼镜，以免眼睛沾污和受伤；粉尘较多时应戴防护口罩，以防呼吸道感染。

(4)用碱液清除旧漆膜时，必须戴乳胶手套、防护眼镜并穿戴涂胶围裙和鞋罩。

(5)剩余涂料和稀释剂等应妥善保管以防挥发。

(6)登高作业时，凳子要放置平稳，注意力要集中，严禁说笑打闹。

(7)喷涂结束后，将设备工具清理干净并妥善保管，操作现场应保持清洁，用过的残漆、废纸及废砂纸等要放置到垃圾箱内。

2. 空气压缩机安全操作规程

(1)空气压缩机应设专人使用和管理。

(2)使用前认真检查空气压缩机、电动机及其控制装置并开动试转片刻，一切正常无误后再投入使用。

(3)空压机要按规定程序起动，起动后要认真检查其运转状况并观察气压表读数，发现异常应及时排除。

(4)在工作中禁止工作人员与其他人员闲谈或随意离开机房，以防发生事故。

(5)非专管人员不得随意开动机器。

三、安全防火技术

汽车修补涂装作业的火灾危险性大小与所使用的涂料种类、用量、涂装场所的条件等有关。爆炸和火灾事故的发生会造成生命财产的严重损失，影响生产的正常进行。从事涂装的单位和个人必须高度重视防火安全。

1. 涂装产生火灾和爆炸事故的外因

在汽车修补涂装作业时产生火灾和爆炸事故的主要外因有以下几个方面：

(1)气体爆炸。由于喷涂车间或喷漆烤漆房空间太小，加之换气不良，充满溶剂蒸汽，在达到爆炸极限时遇明火（火星或火花）就爆炸。

（2）电气设备选用不当或损坏后未及时维修。照明工具、电动机、开关及配线等在危险场合使用，在结构上防爆考虑不充分，有产生火花的危险。

（3）废漆（或溶剂）、漆雾末、废遮盖物、被涂料和溶剂污染的废抹布等保管不善，堆积在一起产生自燃。

（4）不遵守防火规则，防火安全意识淡薄，在涂装现场使用明火或抽烟。

2. 易燃性溶剂的危害

火灾危险性随溶剂的种类和溶剂在涂料中含量的不同而异。衡量溶剂的爆炸危险性和易燃性可以从闪点、自燃点、蒸汽密度、爆炸范围、挥发性、扩散性和沸点等溶剂特性来判断。

（1）闪点。可燃性液体蒸汽与空气形成可燃性混合气体，遇明火而引起闪电式燃烧，这种现象称为闪燃。引起闪燃的最低温度称为闪点。在闪点以上可燃性液体就易着火，闪点在常温以下的液态物质，具有非常大的火灾危险性。

根据闪点，可区分涂料和溶剂的火灾危险性等级，一般划分为以下3个等级：

一级火灾危险品：闪点在21℃以下，极易着火。

二级火灾危险品：闪点在21～70℃以下，一般。

三级火灾危险品：闪点在70℃以上，难着火。

（2）自燃点。不需借助点火源，仅加热达到自发着火燃烧的最低温度称之为自燃点，它较闪点高得多。

（3）蒸汽密度。蒸汽密度用同体积的蒸气与空气质量比表示。易燃性溶剂的蒸气一般都比空气重，有积聚在地面或低处的倾向。因此，仅在顶部或屋顶等上部设置自然换气装置效果不好，换气口必须设置在接近地面处。

（4）爆炸范围。由可燃性气体或蒸气与空气混合形成爆炸性混合气体，点火即爆炸。这种混合气体随可燃性气体、蒸汽的种类，各自有不同的比例。产生爆炸的最低浓度（用体积百分比表示）称为爆炸下限，最高浓度称之为爆炸上限。在上限和下限之间都能产生爆炸，爆炸范围越宽，爆炸下限越低，危险性越大。为确保安全，易燃气体和蒸气的浓度控制在下限浓度的25%以下。

除上述诸特性外，在考虑危险性时还须注意挥发性、扩散性和沸点。

四、参考习题

（一）工具使用注意事项

（1）手动工具要保持＿＿＿＿＿＿＿。应经常＿＿＿＿＿＿＿工具，检查其是否有＿＿＿＿＿＿＿＿＿＿＿，以免使用时发生机械事故，伤及人身。

（2）使用＿＿＿＿＿＿＿＿＿＿的工具时应当小心，以免不慎划伤。

（3）不要将＿＿＿＿＿＿＿＿＿＿等锐利工具放在口袋中，以免伤及本人或划伤汽车表面。

（4）专用工具只能用于专门的操作，不能＿＿＿＿＿＿＿＿＿＿。

（5）使用电动工具之前应检查是否＿＿＿＿＿＿＿＿＿＿，检查导线的绝缘是否良好。操作时，应站在＿＿＿＿＿＿＿＿＿＿＿上进行（或穿有绝缘靴）。无保护装置的电动设备不要使用。

（6）必须确认电动工具上的电路开关处于＿＿＿＿＿＿＿＿位置后，才允许接通电源。电动工具使用完毕，应＿＿＿＿＿＿＿＿电路，并从电源上拔下来。

（7）清理电动工具在工作时所产生的切屑或碎片时，必须让电动工具＿＿＿＿＿转动，切勿在＿＿＿＿过程中用手或刷子去清理。

（8）用气动或电动工具从事打磨、修整、喷砂或类似作业时，必须戴＿＿＿＿。在小零件上钻孔时，禁止＿＿＿＿，必须用台钳夹住。

（9）气动工具必须在规定的压力下工作。当喷嘴处于末端时，用以吹除灰尘的压缩空气的压力应保持在＿＿＿＿kPa以下。

（10）使用液压机具时，应保持液压压力处于＿＿＿＿以下，操作时应佩戴＿＿＿＿，并站立在液压机具的＿＿＿＿。

（11）只有经过＿＿＿＿的工人才能在涂装岗位上进行作业。

（二）安全操作规程

1. 涂装人员安全操作规程

（1）操作前根据作业要求，穿好＿＿＿＿＿＿工作服和鞋子，戴好＿＿＿＿＿＿、
＿＿＿＿＿＿、＿＿＿＿＿＿和＿＿＿＿＿＿。

（2）操作场所应＿＿＿＿＿＿。

（3）在用钢丝刷、锉刀、气动或电动工具进行表面处理时，需戴＿＿＿＿＿，以免眼睛沾污和受伤；粉尘较多时应戴＿＿＿＿＿，以防呼吸道感染。

（4）用碱液清除旧漆膜时，必须戴＿＿＿＿、＿＿＿＿并穿戴＿＿＿＿＿和＿＿＿＿。

（5）剩余＿＿＿＿＿和＿＿＿＿＿等应妥善保管以防挥发。

（6）登高作业时，凳子要放置平稳，注意力要集中，严禁＿＿＿＿＿。

（7）喷涂结束后，将设备工具＿＿＿＿＿并妥善保管，操作现场应保持

清洁，用过的残漆、废纸及废砂纸等要放置到垃圾箱内。

2. 空气压缩机安全操作规程

(1)空气压缩机应设_____使用和管理。

(2)使用前认真检查空气压缩机、电动机及其控制装置并开动_____片刻，一切正常无误后再投入使用。

(3)空压机要按规定程序起动，起动后要认真检查其运转状况并观察_____，发现异常应及时排除。

(4)在工作中禁止工作人员与其他人员_____或_____，以防发生事故。

(5)非专管人员不得随意_____机器。

3. 电动、气动工具安全操作规程

(1)检查各部件外部安装_____、紧固连接是否可靠、电缆及插头_____、开关是否灵活等。

(2)尽量使用220V电源，必须用380V电源时应确保_____连接可靠。

(3)使用前应检查所用_____是否符合铭牌规定。

(4)接通电源空运转，检查_____。

(5)使用中发现异常现象(如火花、异响、过热、冒烟或转速过低等)应立即_____，并由专业维修人员进行检修(不得擅自拆卸)。

(6)电动、气动工具应及时维护，以确保其清洁及_____。

(7)电气设备与元器件应存放在_____处，以防受潮与锈蚀。

(8)使用气动工具时，应防止_____而造成空气损失和人身事故。

(9)工具必须在关闭并完全停稳后才能放下，_____工具不得随处放置。

(10)使用砂轮时，身体要避开_____的方向，工件要_____接触砂轮，以防止事故的发生。

4. 照明装置安全操作规程

(1)应使用_____作为照明装置。

(2)工作灯必须使用_____的安全电压。

(3)开关应为_____，操纵要灵活轻便。

5. 喷漆烘漆房安全操作规程

(1)喷漆房内不得进行_____的作业。

（2）按说明书规定使用和_____喷漆、烘漆房，并由专人管理。

（3）定期更换_____材料。

（4）定期清除风道内的_____及_____。

（5）进行喷漆时应先开动_____。

（三）安全防火技术

1. 涂装产生火灾成爆炸事故的外因

在汽车修补涂装作业时产生火灾和爆炸事故的主要外因有以下几个方面：

（1）_____。

（2）_____。

（3）_____。

（4）_____。

2. 易燃性溶剂的危害

火灾危险性随溶剂的种类和溶剂在涂料中含量的不同而异。衡量溶剂的爆炸危险性和易燃性可以从_____、_____、_____、_____、_____和_____等溶剂特性来判断。

（1）闪点。根据闪点，可区分涂料和溶剂的火灾危险性等级，一般划分为以下 3 个等级：

一级火灾危险品：_____。

二级火灾危险品：_____。

三级火灾危险品：_____。

（2）自燃点：_____。

（3）蒸汽密度。一般蒸汽密度都比空气_____，换气口必须设置在接近地面处。

（4）爆炸范围。_____称为爆炸下限，_____称之为爆炸上限。在_____都能产生爆炸，爆炸范围越宽，爆炸下限越低，危险性越大。为确保安全，易燃气体和蒸汽的浓度控制在下限浓度的_____以下。

除上述诸特性外，在考虑危险性时还须注意_____、_____和_____。

3. 粉尘爆炸

粉尘爆炸的原因：_____。

粉尘爆炸控制措施：_____。

4. 防火安全措施

汽车修补涂装时，一般采取下列防火措施：

（1）_____。

（2）_____。

（3）_____，如图 1-1 所示。

（4）_____，如图 1-1 所示。

图 1-1　防火器材

（5）_____。

（6）_____。

（7）_____。

（8）_____。

（9）_____。

（10）_____。

5. 汽车涂装车间的灭火方法

灭火的方法有多种多样，但其基本原则是以下 3 个方面。

（1）_____。

（2）_____。

（3）_____。

涂装修补车间的技工都应熟知防火安全技术知识、火灾类型及灭火方法，会使用各种消防工具，一旦发生火灾，尤其是在电器附近着火，应立即切断电源，以防火势蔓延和产生电击事故。当工作服上着火时切勿惊慌失措，应就地打滚将火熄灭。

五、决策

1. 进行学员分组，在教师的提示下，参考工具使用注意事项和涂装场地的操作规程，探讨除油和除尘时防护工具的使用，练习常用的灭火器的使用，并制定用除油、除尘工具使用场合和灭火器的使用步骤的计划并实施。

2. 各小组选出一名负责人，负责人对小组任务进行分配。组员按负责人要求完成相关任务内容，并将自己所在小组及个人任务内容填入表1-1中。

表1-1　小组任务

序号	小组任务	个人职责（任务）	负责人

六、制订计划

根据任务内容制订小组任务计划，简要说明油漆罐上安全标签含义，并将含义内容填入表1-2中。

1. 油漆罐上安全标签

安全标签见表1-2。

表1-2　安全标签

序号	操作内容	标签含义	注意事项
1	F		
2	F+		
3	O		
4	E		

续表

序号	操作内容	标签含义	注意事项
5	 Xi		
6	 Xn		
7	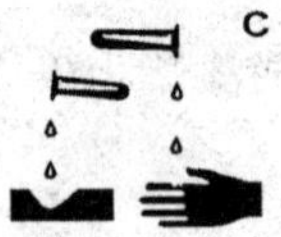 C		
8	 N		
9	 T+		
10	 T		

2. 灭火器使用步骤

灭火器使用步骤见表1-3。

表1-3　灭火器使用步骤

序号	操作内容	使用工具	注意事项
1			
2			
3			
4			

七、实施

1. 实践准备

实践准备见表1-4。

表1-4　实践准备

场地准备	硬件准备	资料准备	素材准备
四工位涂装实训室、对应数量的课桌椅、黑板一块	带标签油漆罐、溶剂和常用的劳保用品、各种灭火器4套	安全操作规程手册、工具使用和灭火器说明	安全操作视频

2. 实施计划任务并完成项目单填写

实施吹尘和除油，并完成表1-5的填写。

表1-5　吸尘和除油

项目	使用的灭火器材	使用的方法	注意事项
溶剂灭火			
电器灭火			

项目2　卫生安全防护

一、涂料的毒性

涂料的毒性主要是由所含的溶剂、颜料和部分基料等有毒物质造成的。有机溶剂一般都具有溶脂性（对油脂具有良好的溶解作用）。所以当溶剂进入人体后能迅速与含脂肪类的物质作用，特别是对神经组织产生麻醉作用，产生行动和语言的障碍，造成失神状态。有机溶剂对神经系统的毒性是共性，但因化学结构不同，各种有机溶剂还有它的个性，毒性也不一样，国外按照溶剂的毒性分为有毒溶剂和有害溶剂7个等级，见表1-6。使用涂料时应向生产厂家了解溶剂的主要成分，以确定应采取的防护措施。

表1-6　有机溶剂毒性分级

毒性级别		所属溶剂名称
有毒溶剂	Ⅰ/a级	纯苯、二硫化碳、四氯乙烷、四氯化碳
	Ⅰ/b级	三氯乙烷、苯酚、苯甲酚、异氟尔酮
	Ⅰ/c级	甲醇、异丙叉丙酮

毒性级别		所属溶剂名称
有害溶剂	Ⅱ/a 级	三氯甲烷、硝基丙烷、二氯乙烷
	Ⅱ/b 级	四氢萘、三氯乙烯、四氯乙烯、1.4-二氧六环、乙二醇甲醚、异丁醚、丁醚
	Ⅱ/c 级	甲苯、二甲苯、苯乙烯、2-甲基苯乙烯、三甲苯、乙苯、丙苯、1.1.1—三氯乙烷、乙二醇乙醚、松节油
	Ⅱ/d 级	二氯甲烷、丁醇、乙二醇、混合戊醇、4-甲基戊醇、环己酮、甲基环乙醇、乙二醇乙醚醋酸酯、乙二醇丁醚、四氢呋喃、醋酸酯

有些颜料，如含铅颜料和锑、镉、汞等化合物，均为有毒物质，若吸入人体内易引起急性或慢性中毒。有些基料的毒性也较大，如聚氨酯涂料中含有游离异氰酸酯，能使呼吸系统过敏，环氧树脂涂料中含有的有机胺固化剂及煤焦油沥青均可能引起皮炎。因此，在喷涂这些有毒涂料时，必须采取预防措施，严防吸入或人体直接接触。

二、安全防护措施

为保障操作人员的身体健康，涂装车间应有切实的卫生安全措施，并对操作人员经常进行卫生教育和培训，使操作人员具有必要的卫生安全知识，同时也是涂装质量获得保证的必要措施。

（一）呼吸系统的安全与保护

磨料的粉尘、腐蚀性溶液和溶剂所蒸发的气体、喷漆时的漆雾都会给呼吸系统带来危害。即使在通风良好的环境下，操作者仍需要佩戴呼吸保护器。呼吸保护器有 3 种：通风帽式（供气式）呼吸保护器、窗式过滤呼吸保护器和防尘呼吸保护器。

1. 供气式呼吸保护器

这是一种可以防护吸入氰酸盐漆蒸气和喷雾引起过敏的装置，其外形如图 1-2 所示。供气式呼吸保护器由一台小型无油空气泵来供给帽盔式呼吸保护器的空气。该气泵的空气人口必须置于空气清洁、远

(a)半面式供气面罩

(b)全面式供气面罩

图 1-2　供气式呼吸保护器

离喷漆的地区。

2. 滤筒式呼吸保护器

对于喷涂磁漆、硝基漆以及其他非氰化物的油漆时，可以配戴滤筒式呼吸保护器，如图1-3所示。这种保护器由一个适应人的脸型并具有的密封作用的橡皮面具构成。它包括可拆卸的前置过滤器和滤筒，可以滤去空气中的溶剂或喷雾。呼吸器还有进气和排气阀门，以保证呼吸顺畅进行。

图1-3   滤筒式呼吸保护器

滤筒式过滤器的维护主要是保持清洁，定期更换过滤器和滤筒。当出现呼吸困难时应更换前置过滤器；每周更换一次滤筒；定期检查面罩保持良好密封性能。

3. 防尘呼吸保护器

图1-4所示为防尘呼吸保护器。此类保护器可以防止喷砂灰尘被吸入，仅用于喷砂作业时佩戴。喷漆时，不能用它代替前两种保护器使用。

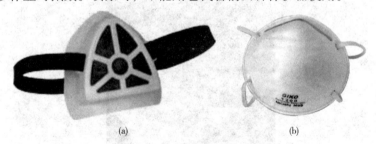

(a)   (b)

图1-4   防尘呼吸保护器

(二)人体其他部位的保护

1. 头部的保护

将长发扎结在头后，始终要戴安全帽才能从事喷漆或其他修理作业。

2. 眼睛和脸部的保护

工厂各处均有飞扬的灰尘和碎屑，可能会伤及眼睛。操作磨轮、气凿和在车底下工作时都要戴防尘镜、护目镜或防护面具，如图1-5所示。

(a)防尘镜　　　　　　　　　　(b)护目镜　　　　　　　　　　(c)防护面具

图 1-5　眼睛与脸部保护

3. 耳朵的保护

敲打钢板或喷砂时所发出的噪声，对人们的听觉有不利的影响，重者会损伤耳膜。因此，应佩戴耳塞，如图 1-6 所示。

图 1-6　各式耳塞

4. 手的保护

为防止溶液、底漆及外层涂料对手的伤害，应佩戴安全手套（见图 1-7）进行操作。洗手时选用适合的清洁剂，千万别用稀料洗手。

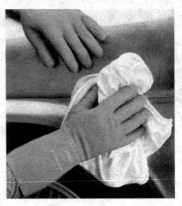

图 1-7　安全手套

5. 脚的保护

在喷漆作业时，应穿带有金属脚尖衬垫及防滑的安全工作鞋。金属脚尖衬垫可以保护脚趾不受落下的物体碰伤。喷漆时还应再佩戴方便鞋套或鞋罩。

6. 身体的保护

按规定穿着工作服（见图 1-8）进行作业。在喷漆场地应穿清洁的修车工作服，此类工作服面料不起毛，以免影响漆面质量。脏的、被溶剂浸过的衣服会积存一些化学物质，对皮肤会产生影响，未经允许不要穿上。工作服的上衣应是长袖的。工作裤要有足够的长度，能盖到鞋头为好。

（三）个人安全要求

（1）了解工厂作业的安全规程。

（2）喷砂时必须佩戴防尘面具。

（3）使用压缩空气吹除灰尘时，应戴眼睛保护装置和防尘面具。

（4）处理金属表面时，金属调节剂含有磷，它对皮肤有刺激作用。为此，必须佩戴安全镜、手套和穿工作服。

图1-8 工作服

（5）配制涂料时，应戴防护镜，并在通风环境下进行。

（6）喷涂时应十分注意合理使用设备。

（7）存储漆料应放在远离工作区的地方。工作区只保留一天的用量。一天作业完毕，应及时清洁所有用具与设备。

三、决策

1. 进行学员分组，在教师的提示下，实施除旧漆和除油操作。

2. 各小组选出一名负责人，负责人对小组任务进行分配。组员按负责人要求完成相关任务内容，并将自己所在小组及个人任务内容填入表1-7中。

表1-7 小组任务

序号	小组任务	个人职责（任务）	负责人

四、制订计划

根据任务内容制订小组任务计划，简要说明任务实施过程的步骤及辅助工具。

1. 制作门板除旧漆的计划

制作门板除旧漆的计划见表1-8。

表 1-8　门板除旧漆

序号	操作内容	使用工具	注意事项
1			
2			
3			
4			
5			
6			
7			
8			
9			

2. 制作门板除油的计划

门板除油的计划见表 1-9。

表 1-9　门板除油

序号	操作内容	使用工具	注意事项
1			
2			
3			
4			
5			
6			
7			
8			
9			

五、实施

1. 实践准备

实践准备见表 1-10。

表 1-10　实践准备

场地准备	场景准备	资料准备	素材准备
四工位的涂装实训室、对应数量的课桌椅、黑板一块	门板若干、干磨机和溶剂、劳保用品	劳保用品使用说明	安全使用录像

2. 实施计划任务并完成项目单填写

实施吹尘和除油操作，并完成表 1-11 的填写。

表 1-11

项目	使用的劳保用品	使用的工具	注意事项
门板旧漆打磨和吹尘			
门板除油			

六、检查

在完成门板的除旧漆和除油施工后，请将施工过程及结果填写在表1-12中。

表 1-12　施工过程及结果

施工内容：

检查过程：

施工结果：

七、评估与应用

思考：你认为在涂装施工时应该做好哪些劳动保护吗？将内容写入表1-13中。

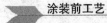

表 1-13　劳动保护

形式：独立思考、总结
时间：10 分钟
记录：

学习任务二　厂区安全与环境保护

【学习目标】

1. 了解厂区安全事项。

2. 了解厂区周围的环境保护知识。

3. 能够对厂区可能存在的安全隐患和环境污染提出意见或建议。

【学习内容】

1. 掌握厂区安全防护措施。

2. 掌握常用三废处理。

一、厂区安全事项

1. 汽车在厂内的安全事项

(1)在汽车上作业时，汽车的制动装置必须处于有效的制动位置，防止自动溜车。

(2)在汽车下面作业时，必须先将汽车支离地面。

(3)刚进厂的车辆，不宜马上进行作业，以免被排气管、散热器、尾管等灼热物烧伤。

(4)在车间内移动汽车，一定要察看四周。

2. 溶剂和其他易燃物品的安全事项

（1）不允许在涂装车间抽烟和点燃明火。

（2）在存放易燃性液体的场所，应对火源实施严格的监控。

（3）输送桶装溶剂时，要用专用泵通过桶上的孔抽送，不允许侧倒装运。抽送完毕，应将容器盖关紧。

（4）用散装容器运送易燃溶剂时，要特别小心。溶剂桶应接地，以防静电引起火灾。

（5）用于喷涂的漆料，必须存放在金属柜中（切勿用木柜）。储存室应充分通风。

（6）喷漆时按下列程序进行：喷涂之前移开手提灯→打开通风系统→开启喷漆场地光源→清除可燃残余物→油漆干燥时保持通风。

（7）切勿在蓄电池附近打磨，以防蓄电池放出的氢气爆炸。

3. 防火设施

（1）涂装车间的所有结构件都应采用耐火材料制成。

（2）使用易燃涂料的涂装车间是属于火灾危险区，应采取相应的消防措施，一般应布置在厂房的旁边，并用防火墙与其他车间隔开。涂装工场、仓库等地应设避雷装置。

（3）所有的门应开在最近的处于外出口处，而且门要朝外开。通向安全门的通道要保持畅通无阻。

（4）在与相邻的车间有传送装置的情况下，出入口应装防火门。

（5）供涂装车间、调漆部和涂料库用的消防灭火用具，每 30m 应保证有下列消防工具：两个泡沫灭火机，0.3～0.5m³ 容积的砂箱，一套石棉衣和一把铁铲。涂装车间顶棚应设置熔喷水头和消防灭火水栓。

（6）所用的各种电气设备和照明灯、电动机、电气开关等都应有防爆装置，电源应设在防火区域以外。

（7）涂装车间的所有金属设备都应接地可靠，防止静电积聚和静电放电。

（8）涂装车间内严禁烟火，不许带火柴，打火机等火种进入车间。在安装和维修设备需动用明火时，应采取防火措施，检查确保安全。

（9）喷漆室、烘干室等涂装设备的设计都应符合防火安全技术要求。

（10）不要将工具和涂装用料放在车间过道上。

4. 其他安全措施

（1）车间所有场地应保持清洁、有序。地板上的油液一定要及时清除干净。

（2）保持地面干燥无水。

（3）保持通道和人行道清洁和畅通，有足够的间距。

（4）操作者的正规工作区要用防滑地板装修地面，并划分每个人的工作地段。

（5）报警电话应放置在明显的位置。

（6）确保有毒物质不会通过下水道排到公共水道中。

（7）任何擦拭过溶剂的布、纸等废料必须统一存在金属容器内，以免引起火灾。

二、汽车修理厂的环保工作

对汽车修理厂所使用的涂料对环境的影响有了正确的认识后，应该针对各种情况采取相应的措施保护环境。

1. 对有机物排放的环保措施

挥发性有机化合物的英文缩写是 VOC，欧洲和北美国家都制定了严格限制 VOC 排放的环境保护法。欧美国家的许多知名公司也在积极采取各种措施，如 20 世纪 80 年代起，美国通用汽车公司就开始采用生物化学方法解决喷涂车间的空气污染问题，用水吸附喷涂车间产生的飞漆和废气中的有机溶剂，吸附水经过过滤，分离出漆渣，再把吸附水导入特种细菌培养砂槽内，水中的混合溶剂就被细菌吃掉一部分，从而降低了空气中的溶剂量，减轻了空气污染。再如本世纪初，世界上最大的汽车涂料供应商匹兹堡平板玻璃厂（PPG 公司）开发出更安全及环保的 Enviro-Prime 2000 电泳底漆，用金属钇替代涂料中重金属铅，一年可减少约 100 万 kg 铅的使用量，从而获得 2001 年度美国环境保护署颁发的绿色化学挑战奖。目前，在汽车维修行业采取以下措施可以有效降低 VOC 的排放。

（1）可以通过选择固体含量高的涂料及水性涂料来降低涂料中有机溶剂的使用。这是世界发达国家的潮流，也必将对中国的汽车维修行业带来重大影响。

（2）通过对喷涂设备的选择来降低涂料的浪费。如 HVLP（高流低压）喷枪的使用可以提高涂料的使用率而达到降低 VOC 的目的。德国 ABA 研究了采用不同喷涂技术保护环境和节省费用的可行性。

采用 HVLP 喷枪可以大大降低溶剂散失，即降低 VOC，同时经济效益也很可观。随着对环保工作重视程度的不断提高，我们相信环保喷枪会得到广泛应用。

2. 对废气的处理

常见的废气处理方法有活性炭吸附法、催化燃烧法、液体吸附法和直接燃烧法等。

（1）活性炭吸附法。利用活性炭作为物理吸附剂，有机物吸附在活性炭表面，使废气净化。具有吸附能力的物质还有氧化硅、氧化铝等，其中以活性炭应用最广泛。

（2）催化燃烧法。这种方法是利用催化剂使废气中可燃物质在较低温度下氧化分解成二氧化碳和水，使废气净化。

（3）液体吸附法。用吸收液吸收废气中的有机溶剂使废气净化。

（4）直接燃烧法。直接燃烧法是将含有有机溶剂气体的混合气直接燃烧生成水和二氧化碳，放出的热量还可用于涂膜干燥，是一种经济简便的废气处理方法。

三、参考习题

（一）厂区安全事项

1. 汽车在厂内的安全事项

（1）在汽车上作业时，汽车的制动装置必须处于有效的_____位置，防止自动溜车。

（2）在汽车下面作业时，必须先将汽车_____地面。

（3）刚进厂的车辆，不宜马上进行作业，以免被排气管、散热器、尾管等_____烧伤。

（4）在车间内移动汽车，一定要察看_____。

2. 溶剂和其他易燃物品的安全事项

（1）不允许在涂装车间_____和点燃_____。

（2）在存放易燃性液体的场所，应对_____实施严格的监控。

（3）输送桶装溶剂时，要用专用泵通过桶上的孔抽送，不允许_____装运。抽送完毕，应将容器盖关紧。

（4）用散装容器运送易燃溶剂时，要特别小心。溶剂桶应_____，以防静电引起火灾。如图1-9所示为将溶剂从溶剂桶装入手提式安全罐的两种方法。

（5）用于喷涂的漆料，必须存放在金属柜中（切勿用木柜）。储存室应充分_____。

（6）喷漆时按下列程序进行：喷涂之前移开手提灯→打开通风系统→开启喷漆场地光源→清除可燃残余物→油漆干燥时保持_____。

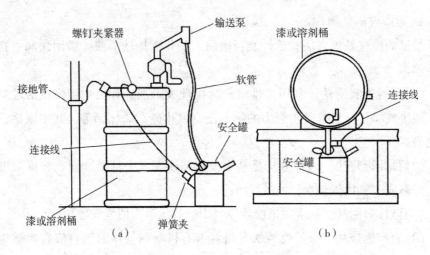

图 1-9 将溶剂从溶剂桶装入手提式安全罐的两种方法

(7)切勿在蓄电池附近打磨，以防蓄电池放出的_____爆炸。

3. 防火设施

(1)涂装车间的所有结构件都应采用_____材料制成。

(2)使用易燃涂料的涂装车间是属于火灾危险区，应采取相应的消防措施，一般应布置在厂房的旁边，并用_____与其他车间隔开。涂装工场、仓库等地应设_____。

(3)所有的门应开在最近的处于_____处，而且门要朝外开。通向安全门的通道要保持畅通无阻。

(4)在与相邻的车间有传送装置的情况下，出入口应装_____。

(5)供涂装车间、调漆部和涂料库用的消防灭火用具，每 30m 应保证有下列消防工具：两个_____，0.3～0.5m³ 容积的_____，一套石棉衣和一把铁铲。涂装车间顶棚应设置熔喷水头和消防灭火水栓。

(6)所用的各种电气设备和照明灯、电动机、电气开关等都应有_____装置，电源应设在防火区域以外。

(7)涂装车间的所有金属设备都应_____可靠，防止静电积聚和静电放电。

(8)涂装车间内严禁烟火，不许带_____，_____等火种进入车间。在安装和维修设备需动用明火时，应采取防火措施，检查确保安全。

(9)喷漆室、烘干室等涂装设备的设计都应符合_____安全技术要求。

(10)不要将_____和_____用料放在车间过道上。

4. 其他安全措施

(1)车间所有场地应保持清洁、有序。地板上的_____一定要及时清除干净。

（2）保持地面_____无水。

（3）保持通道和人行道清洁和畅通，有足够的_____。

（4）操作者的正规工作区要用_____装修地面，并划分每个人的工作地段。

（5）_____应放置在明显的位置。

（6）确保_____物质不会通过下水道排到公共水道中。

（7）任何擦拭过溶剂的布、纸等废料必须统一存在_____内，以免引起火灾。

（二）汽车修理厂的环保工作

1. 对有机物排放的环保措施

（1）_____。

（2）_____。

2. 对废气的处理

常见的废气处理方法有_____、_____、_____和_____等。

（1）活性炭吸附法适合_____。

（2）催化燃烧法适合_____。

（3）液体吸附法适合_____。

（4）直接燃烧法适合_____。

3. 对废弃物的处理

汽车修补涂装产生的废弃物有以下 4 种。

（1）废涂料处理方法：_____。

（2）废溶剂处理方法：_____。

（3）废渣处理方法：_____。

（4）废的涂料桶和溶剂罐、废抹布、手套等以及修补涂装遮盖用的废罩纸、胶带处理方法：_____。

四、决策

1. 进行学员分组，在教师的提示下，实施厂区的安全检查和"三废"处理操作。

2. 各小组选出一名负责人，负责人对小组任务进行分配。组员按负责人要求完成相关任务内容，并将自己所在小组及个人任务内容填入表 1-14 中。

表1-14　小组任务

序号	小组任务	个人职责(任务)	负责人

五、制订计划

根据任务内容制订小组任务计划，简要说明任务实施过程的步骤及辅助工具。

1. 厂区安全检查的计划

计划内容等填入表1-15中。

表1-15　计划内容

序号	检查内容	消防设备配置情况	是否合格
1			
2			
3			
4			
5			
6			
7			
8			
9			

2. 厂区的三废处理的计划

处理计划见表1-16。

表1-16　处理计划

序号	操作内容	使用方法	处理结果
1			
2			
3			
4			
5			
6			
7			
8			
9			

六、实施

1. 实践准备

实践准备见表1-17。

表1-17　实践准备

场地准备	场景准备	资料准备	素材准备
四工位的涂装实训室、对应数量的课桌椅、黑板一块	工厂场景、消防布置、三废	工厂消防要求、三废处理规范	工厂消防要求、三废处理规范录像

2. 实施教学工厂的消防安全检查，并完成表1-18的填写。

表1-18　消防安全检查

检查内容	已经添置的设备	缺少部分	是否合格

3. 实施常见"三废"处理，并完成表1-19的填写。

表1-19　"三废"处理

序号	三废种类	处理方法	处理结果
1			
2			
3			

七、检查

在完成对厂区安全措施进行检查和"三废"处理，请将检验过程及结果填写在表1-20中。

表1-20　检验过程及结果

实施内容：

实施过程：

实施结果：

八、评估与应用

思考：你作为涂装技术工作人员应该如何看待安全和环保？将记录内容写入表 1-21 中。

表 1-21　安全和环保总结

形式：独立思考、总结

时间：10 分钟

记录：

学习情境二 施工分析与羽状边打磨

学习目标

1. 熟悉常见汽车修补涂装工艺流程。
2. 掌握车身涂膜损坏程度的检查方法。
3. 能根据涂膜的损坏程度确定车身的修补涂装工艺。
4. 熟悉汽车用涂料的基本知识。
5. 掌握原涂层材料的鉴别方法。
6. 能鉴别车身原涂层涂料的类型。
7. 熟悉表面预处理工具和材料的使用方法。
8. 掌握不同车身底材处理的方法。
9. 能进行实际生产中车身底材的处理。

情境导入

一辆本田汽车后保险杠中部涂膜受损，如图 2-1 所示，车主要求修理。涂装人员接车后，首先要评估涂膜的损伤程度，确定修补涂装工艺。就这辆轿车而言，涂装人员应该怎样评估涂膜的损伤程度，怎样选择合理的修补涂装工艺？

图 2-1 后保险杠涂膜受损的汽车

学习任务一 车身修补涂装工艺的确定

【学习目标】

1. 熟悉常见汽车修补涂装工艺流程。
2. 掌握车身涂膜损坏程度的检查方法。
3. 能根据涂膜的损坏程度确定车身的修补涂装工艺。

【学习内容】

1. 清洗整车，排除灰尘、污垢对车身损伤程度评估的干扰。
2. 检查车身涂膜受损情况，评估损伤程度。
3. 根据车身涂膜损伤的具体情况确定修补涂装工艺。

项目 1 车身表面的清洗

一、参考习题

（一）车身表面的清洗

（1）车身全车清洗，如图 2-2 所示。

图 2-2 车身清洗

车身全车清洗的作用：_____

（2）车辆清洗用品使用，如图 2-3 所示。

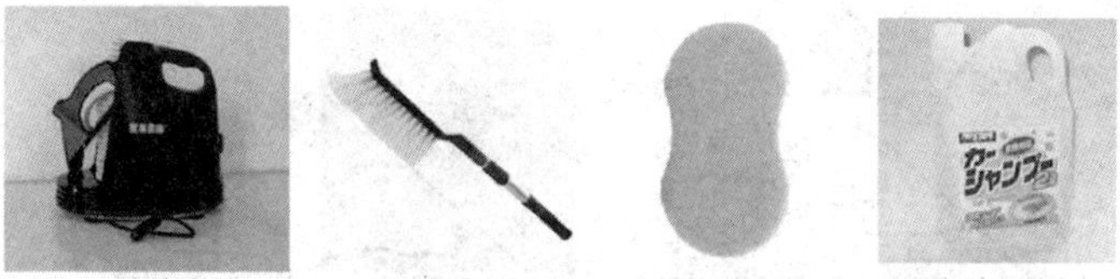

(a)洗车机　　　(b)洗车刷　　(c)标注洗车海绵　(d)汽车清洗剂

图2-3　车辆清洗用品

车身清洗用品的作用：_____

（3）待修补区域的清洁，如图2-4所示。

图2-4　待修补区域的清洁

①车身待修补区域清洁的目的是：_____

_____。

②车身待修区域的清洁和清洗硅酮类化合物的方法：_____

_____。

（二）车身损坏程度的评估

（1）常用评估车身表面损坏程度的方法有_____、

_____和_____。

（2）目测评估法：_____。

（3）触摸法评估如图2-5所示。

（4）直尺法评估如图2-6所示。

（三）车身修补涂装工艺

（1）从底到面点修补流程：_____。

（2）面漆重涂点修补流程：_____。

（3）从底到面局部部件修补流程：_____。

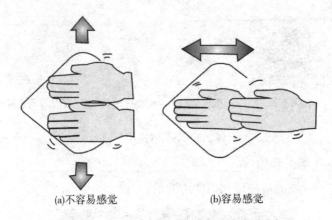

(a)不容易感觉　　　　(b)容易感觉

图2-5　触摸法评估损坏程度

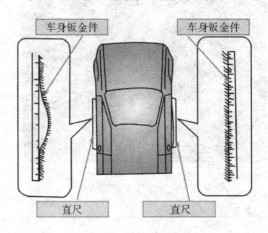

图2-6　直尺法评估损坏程度

(4)局部翻新局部部件修补流程：_____。

(5)从底到面整车修补流程：_____。

(6)面漆翻新整车修补流程：_____。

(四)车身修补涂装工艺的确定

(1)根据涂膜损伤的部位确定修理工艺，如图2-7所示。

车身的 A 区域适合采用：_____。

车身的 B 区域适合采用：_____。

车身的 C 区域适合采用：_____。

车身的 D 区域适合采用：_____。

(2)根据涂膜损伤的面积确定修理工艺

一般情况下，采用点修补工艺有以下几种情况：_____。

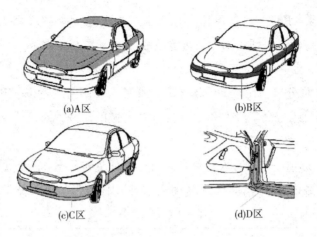

(a)A区

(b)B区

(c)C区

(d)D区

图2-7 车身的 A、B、C、D 区域

_____
_____。

采用底色漆过渡喷涂，清漆整片喷涂的修补工艺适合下列情况：_____
_____
_____。

采取整车喷涂工艺适合下列情况：_____
_____
_____。

（3）根据车身凹陷情况确定修理工艺

车身板件没有凹陷，一般采用_____。板件凹陷直径在 25mm 范围内，需要_____，可以采用_____工艺解决；如果凹陷面积较大，底色漆局部修补完成后面积会较大，_____则是最好的解决方法。

（4）根据车身颜色匹配确定修理工艺

当修补区域在板面中间部位时，浅颜色底色漆不适于在小范围采用_____工艺；当损坏位于板面的边缘时，这些颜色可以采用_____工艺；半暗、较深颜色的底色漆以及双工序珍珠漆，在大部分区域都可以在小范围内采_____工艺。

（5）根据车身底材的特性确定修理工艺

钢铁材料的涂装一般包括_____、_____、_____、_____等工艺；铝材表面附着力小，必须进行_____、_____、_____和_____处理，然后才能进行底涂层、中间涂层和面漆涂装等工艺；镀锌板必须进行_____和_____处理后才能涂装，硬质塑料表面一般不用喷涂底漆，但对于聚丙烯（PP）、聚对苯二

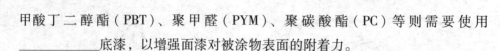

甲酸丁二醇酯（PBT）、聚甲醛（PYM）、聚碳酸酯（PC）等则需要使用_____底漆，以增强面漆对被涂物表面的附着力。

二、决策

1. 进行学员分组，在教师的指导下，参考工具使用注意事项和涂装场地的操作规程，探讨练习全车清洗和车身待修补区域的清洗，对展示涂膜损伤程度的评估，确定采取修补工艺。

2. 各小组选出一名负责人，负责人对小组任务进行分配。组员按负责人要求完成相关任务内容，并将自己所在小组及个人任务内容填入表2-1中。

表2-1　小组任务

序号	小组任务	个人职责（任务）	负责人

三、制订计划

根据任务内容制订小组任务计划，简要说明全车清洗和车身待修补区域的清洗、涂膜损伤程度的评估、采取修补工艺，并将操作步骤填入表2-2～表2-4。

表2-2　全车清洗和车身待修补区域的清洗

序号	操作内容	使用工具	注意事项
1			
2			
3			
4			
5			
6			
7			
8			
9			
10			

表 2-3　涂膜损伤程度的评估

序号	操作内容	使用工具	注意事项
1			
2			
3			
4			

表 2-4　采取修补工艺

序号	采取修补工艺	采取修补工艺原因	注意事项
1			
2			
3			
4			

四、实施

1. 实践准备

实践准备见表 2-5。

表 2-5　实践准备

场地准备	硬件准备	资料准备	素材准备
四工位涂装实训室、对应数量的课桌椅、黑板一块	带有损伤的车辆和常用的劳保用品、各种洗车、评估工具 4 套	安全操作规程手册和洗车、评估工具使用说明	洗车、评估操作视频

2. 实施计划任务并完成项目单填写

实施吹尘和除油，并完成表 2-6 的填写。

表 2-6　吹尘和除油

项目	使用的设备和工具	操作方法	注意事项
全车清洗和车身待修补区域的清洗			
涂膜损伤程度的评估			
对损伤区域采取修补工艺确定			

项目2 原涂层材料的鉴别

一、涂料的基础知识

(一)涂料的基本组成

涂料是涂装于汽车表面,形成具有保护、装饰或特殊性能的固态涂层的液体或固体材料的总称。现代汽车涂料大多为树脂涂料,其基本构成可以简单归纳为树脂、颜料、溶剂三大部分。

(二)车身涂料分类与命名

1. 涂料的分类

按照涂料中主要成膜物质的不同,涂料可分为17类。

按其在涂膜中所起的作用不同,涂料可分为底漆、衬漆、面漆及原子灰等。按照施工方法不同,涂料可分为刷漆、喷漆、烘干漆和电泳漆等。

按使用效果不同,涂料可分为绝缘漆、防锈漆、防腐漆、耐酸漆、耐热漆等。

按是否含有颜料,涂料可分为清漆(透明漆)、色漆和含大量体质颜料的原子灰。

按溶剂构成情况不同,涂料分为溶剂型漆、水性漆、无溶剂漆和粉末涂料。

按成膜机理的不同,涂料可分为氧化聚合型漆、双组分(涂料-固化剂)反应型漆、烘烤聚合型漆和溶剂挥发型漆等。

2. 涂料的命名

涂料的命名可用下式表示:

涂料全名 = 颜色或颜料名称 + 成膜物质的名称 + 基本名称

涂料的颜色位于名称的最前面,若颜料对涂膜的性能起显著作用,则可用颜料的名称代替其颜色名称。成膜物质的名称应适应简化,必要时也可选取两种成膜物质命名,主要成膜物质名称在前,次要成膜物质名称在后(如环氧硝基磁漆)。

例如,白醇酸磁漆表示其颜色为白色、主要成膜物质为醇酸树脂、基本名称是磁漆;锌黄酚醛防锈底漆表示其颜料名称为锌黄、主要成膜物质是酚醛树脂、基本名称为防锈底漆等。

（三）车用修补涂料选用的一般原则

汽车喷涂所用涂料的种类很多，各种涂料的组织及性能都存在着一定的差异，为达到良好的防腐和装饰效果，确保涂装质量，进行汽车喷涂时，不但要采用合理的喷涂方法和喷涂工艺进行喷涂操作，而且要根据具体的情况合理选用涂料。汽车用修补涂料选用的一般原则如下。

1. 所选涂料必须与被喷涂板件的材质相适应

被喷涂板件的材质不同，其表面具有不同的物理属性，从而导致了不同材质对涂料适应性的差异。对金属板件进行喷涂时，一般应选用具有较强的防锈能力及良好的附着力的涂料。对于非金属底材（如木材、塑料、橡胶、玻璃及纸张等），则应根据具体材质进行选择。

2. 所选涂料必须与被喷涂板件的使用环境相适应

被涂装零件所处的工作环境不同，要求涂层具有不同的性能。进行车辆喷涂时，必须根据当地的气候条件合理地选用涂料。在南方湿热地区使用的车辆，应选用抗湿热、耐盐雾及抗霉菌性良好的涂料；在寒冷的北方使用的汽车，则应选用具有良好的耐寒性的涂料。此外，汽车用涂料还应考虑其装饰性、耐磨性、耐候性、耐腐蚀性、耐水性、保光保色性及高的机械强度等。

3. 所选涂料应满足涂层间的适应性要求

目前，一般采用多层喷涂的方法进行汽车部件涂装，这就要求各涂层之间必须具有良好的适应性：

（1）底层、衬层及面层涂料的类型、品种及所用稀释剂应尽量一致，各层涂料的干燥机理应相同。选用不同类型及品种的涂料时，其性能必须保证能够控制在允许的范围之内。

（2）选用涂料时应遵循底强上弱的原则，即底层涂料必须能够承受上层涂料对其产生的各种物理和化学作用，以防产生"咬底"现象。必要时可采用合适的中间层涂料（原子灰或衬漆）对底层和面层进行过渡。

（3）选择涂料时，应考虑各层涂料含油度、流平性及涂膜硬度的一致性，以防涂层产生凹凸不平、流挂、龟裂、起皱及橘皮等现象。

（4）各层涂料之间应有较强的结合力。

4. 选择涂料时必须考虑施工条件

各种涂料所适用的涂装方法、涂装设备及涂装技术要求不同，选择涂料时必须考虑其操作要求。如没有电泳浸涂设备就不能选用水溶性电泳漆；没有烘干设备时不能选用各种烘烤漆。

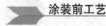

二、原涂层的鉴别方法

在进行车身重新喷涂或补漆前，除了要确认涂膜颜色之外，还必须测定涂膜类型，以便确定喷涂修复时合理地选择涂料，确保喷涂质量。

（一）判断车身是否经过重新喷涂的方法

进行涂膜类型确认时，应首先检查车辆是否重新喷涂过，常用的方法有打磨法和测量涂膜厚度法。

用打磨法进行确认时，是在需要重新喷涂的部位进行打磨，直到露出金属为止，然后观察涂膜的结构进行确认。

用测量涂膜厚度法进行确认是指利用电磁测量仪或机械厚度测量仪对涂膜厚度进行测量，如果测得的涂膜厚度大于新车标准厚度，表明车身被重新喷涂过。美、欧、日系新车涂膜的标准厚度参考值为：

美国汽车：$76 \sim 127 \mu m$。

欧洲汽车：$127 \sim 203 \mu m$。

日本汽车：$76 \sim 203 \mu m$。

（二）车身原涂层涂料类型的鉴别方法

没有重新喷涂过的车辆可通过车身颜色代码确定汽车的涂膜类型。如果车辆已被重新喷涂过，可以用下述方法对原车涂膜类型进行判断。

1. 打磨法

用细砂纸或粗蜡打磨漆面，根据具体情况判断原涂层的涂料类型，见表2-7。

表2-7　用打磨法判断原涂层的涂料类型

序号	打磨时的现象	原涂层的类型
1	打磨后，砂纸或抛光布上粘有原涂层面漆的颜色	单工序面漆
2	打磨后，砂纸或抛光布上没有原涂层面漆的颜色	双工序面漆（色漆＋清漆）
3	涂膜粗糙，经粗蜡摩擦后产生一种类似抛光的效果	抛光型漆
4	打磨后出现一种聚丙烯尿烷特有的光泽	聚丙烯型漆
5	用砂纸打磨漆面，漆层有弹性且砂纸黏滞	未完全固化的烘烤漆

2. 溶剂处理法

用一块在清漆溶剂中浸泡过的白色抹布摩擦旧涂膜，如果涂膜被溶解并在抹布上留下涂料痕迹，表明上次喷涂所用的是挥发干燥型涂料；如果涂膜不溶解，则为烤干型或双组分反应型涂料；丙烯酸氨基甲酸乙酯的涂膜不像挥发干燥型涂料那样容易溶解，但稀释剂会使涂层失去光泽。

3. 加热处理法

用800~1000#砂纸对涂膜表面进行湿打磨，降低涂膜的光泽后用红外线烤灯进行加热，如果涂膜表面重新恢复光泽，表明所用涂料为树脂磁漆；反之，光线暗淡者为清漆。

4. 测量硬度法

不同的涂料形成的涂膜具有不同的硬度，双组分反应型和烘干型涂料干燥后形成的涂膜硬度高，挥发型涂膜的硬度低。

5. 电脑检测仪法

利用电脑调色系统可直接获得原车面漆的有关资料，这是目前修补涂装行业中最为便捷的方法，只需要将原车车身加油口盖板拿来，利用仪器就能准确无误地判断面漆的类型。

三、资讯

1. 涂料的基础知识

涂料的基本组成如图2-8所示。

(1)涂料的作用：_____。

(2)基本组成：_____。

(3)各部分作用：_____。

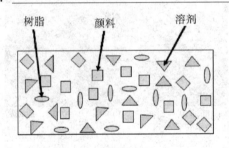

图2-8 涂料的基本组成

2. 车身涂料分类与命名

(1)涂料的分类

按照涂料中主要成膜物质的不同，涂料可分为下面17类：_____。

按其在涂膜中所起的作用不同，涂料可分为：_____等。

按照施工方法不同，涂料可分为：_____等。

按使用效果不同，涂料可分为：_____等。

按是否含有颜料，涂料可分为：_____。

按溶剂构成情况不同，涂料分为：_____。

按成膜机理的不同，涂料可分为：_____等。

（2）涂料的命名

涂料的命名可用下式表示：_____。

3. 车用修补涂料选用的一般原则

汽车用修补涂料选用的一般原则如下：

（1）_____。

（2）_____。

（3）_____。

（4）_____。

4. 原涂层的鉴别方法

（1）判断车身是否经过重新喷涂的方法

进行涂膜类型确认时，应首先检查车辆是否重新喷涂过，常用的方法有_____和_____。

打磨法如图 2-9 所示。

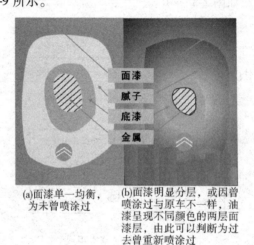

(a)面漆单一均衡，为未曾喷涂过

(b)面漆明显分层，或因曾喷涂过与原车不一样，油漆呈现不同颜色的两层面漆层，由此可以判断为过去曾重新喷涂过

图 2-9　用打磨法确认车身是否重新喷涂过

用测量涂膜厚度法进行确认是指利用_____或_____对涂膜厚度进行测量，如果测得的涂膜厚度大于新车标准厚度，表明车身被重新喷涂过。美、欧、日系新车涂膜的标准厚度参考值为：

美国汽车_____欧洲汽车_____日本汽车_____。

（2）车身原涂层涂料类型的鉴别方法

没有重新喷涂过的车辆可通过车身颜色代码确定汽车的涂膜类型。如果车辆已被重新喷涂过，可以用下述方法对原车涂膜类型进行判断，如图 2-10

所示。

①打磨法操作方法：_____。

②溶剂处理法操作方法：_____。

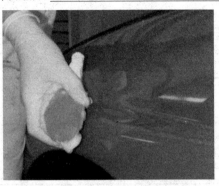

图 2-10　抹布上有涂料的颜色

③加热处理法操作方法：_____，如图 2-11 所示。

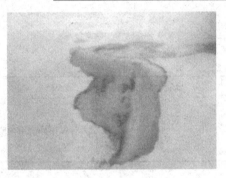

图 2-11　加热后涂膜表面恢复光泽

④测量硬度法操作方法：_____。

⑤电脑检测仪法操作方法：_____。

四、决策

1. 进行学员分组，在教师的指导下，实施涂层鉴别操作。

2. 各小组选出一名负责人，负责人对小组任务进行分配。组员按负责人要求完成相关任务内容，并将自己所在小组及个人任务内容填入表 2-8 中。

表 2-8　小组任务

序号	小组任务	个人职责（任务）	负责人

五、制订计划

制作涂层鉴别的计划：根据任务内容制订小组任务计划，简要说明任务实施过程的步骤及辅助工具，并将计划内容等填入表 2-9 中。

表 2-9　实施过程

序号	操作内容	使用工具	注意事项
1			
2			
3			
4			
5			
6			
7			
8			
9			

六、实施

1. 实践准备

实践准备见表 2-10。

表 2-10　实践准备

场地准备	场景准备	资料准备	素材准备
四工位的涂装实训室、对应数量的课桌椅、黑板一块	门板若干、干磨机和溶剂、劳保用品	劳保用品使用说明	涂层鉴别录像

2. 实施计划任务并完成项目单填写

实施涂层鉴别操作，并完成表 2-11 的填写。

表 2-11　实施涂层鉴别

项　　目	使用的劳保用品	使用的工具	注意事项和结果
门板旧漆打磨和吹尘 打磨后分析涂层断面			

七、检查

在完成门板的旧漆涂层施工后，请将施工过程及结果填写在表 2-12 中。

表 2-12　施工过程及结果

施工内容：
检查过程：
施工结果：

八、评估与应用

思考：写出如何进行涂层鉴别？见表 2-13。

表 2-13　评估与应用

形式：独立思考、总结
时间：10 分钟
记录：

学习任务二　羽状边打磨

【学习目标】

1. 熟悉表面预处理工具和材料的使用方法。

2. 掌握不同车身底材处理的方法。

3. 能进行实际生产中车身底材的处理。

【学习内容】

1. 掌握干磨机的使用。

2. 掌握羽状边的打磨方法。

一、车身表面预处理所需要的工具和材料

1. 车身表面预处理常用的工具和设备

（1）手工清除工具

手工清除工具主要有铲刀、尖尾锤、毛刺刮刀、粗锉刀、钢丝刷和刮铲等。铲刀用于剥落和铲除车身表面的涂层，粗锉刀和钢丝刷等手工工具用于清除板件表面黏结较实的旧涂膜，如图2-12所示。

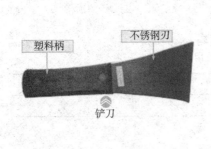
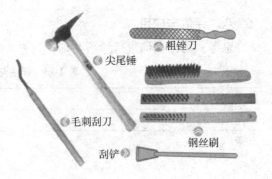

图2-12　常用手工清除工具

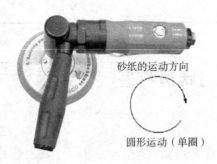

图2-13　单作用打磨机及其运动轨迹

（2）机械清除工具

机械清除工具以压缩空气或电力作为动力源，驱动打磨头旋转或移动，与砂轮、圆形钢丝刷、砂布、砂纸等磨具配合使用，实现对表面旧漆层或铁锈的清除，如图2-13所示。

2. 车身表面预处理常用材料

车身表面预处理常用的材料有砂轮、砂纸、去除剂和清洁剂。

砂轮主要用于除去坚硬的旧涂膜和除锈，砂纸（布）是采用黏结剂把磨料颗粒黏结在纸、布或纤维表面上而制成的，如图 2-14 和图 2-15 所示。

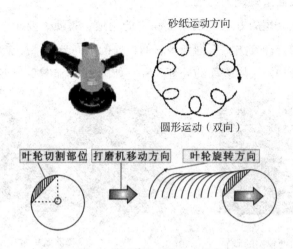

图 2-14　打磨机右向移动操作

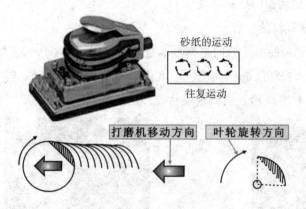

图 2-15　打磨机左向移动操作

汽车涂装中常用砂纸的粗、细是由磨料颗粒的大、小决定的，用粒度编号表示，粒度越小，砂纸越细。表面预处理常用砂纸的型号有 24#、40# 和 60# 三种。

去除剂和清洁剂包括除锈水、脱漆剂、除油剂、防腐材料等。

除锈水的作用是清除底材表面的锈渍，提高黏附性。除锈水只能用于裸铁板上，不能用于镀锌铁板上。脱漆剂包括有机溶剂脱漆剂和碱液脱漆剂，有机溶剂脱漆剂毒性大、易挥发、成本高、易燃，已逐渐被汽车修补涂装行业淘汰；碱液脱漆剂对皮肤有强烈的腐蚀作用，要注意劳动保护。除油剂包括有机溶剂除油剂、化学除油剂和表面活性剂。防腐材料包含的范围相当广泛，车身修补涂装常用的防腐剂有防腐膏、车身表面密封剂、防锈剂等。

二、车身表面预处理的方法

涂装表面预处理的方法应根据被涂物的用途、材质、要求和表面状况，采取与之相适应的处理方法。根据处理表面材质的不同分为裸露金属表面的处理、塑料表面的处理和旧漆层表面的处理3种，如图2-16和图2-17所示。

图2-16　表面预处理用的砂轮　　　　图2-17　汽车涂装中常用的砂纸

1. 裸露金属表面的处理方法

（1）对钢铁底材的处理

钢铁产生锈蚀的主要原因是钢铁本身发生氧化。为了增强金属的耐蚀能力，底材用酸性金属处理液进行处理，形成化学处理涂层如磷化、钝化等以提高耐蚀能力，如图2-18所示。对钢铁底材处理的步骤如下：

(a)除锈水　　　　　(b)脱漆剂　　　　　(c)除油剂　　　　　(d)防腐膏

图2-18　车身底材处理的常用材料

①除锈。对质量较好或经过表面钣金修复后的裸金属进行打磨，除去表面上的锈蚀。打磨以机械干磨为好，可以防止金属的二次锈蚀。打磨时多采用往复式磨头配合80～120#干磨砂纸，将金属表面打磨到完全裸露出白亮的新金属层，然后用高压空气或吸尘器将打磨下来的锈渣和金属屑清理干净。

②脱脂。用一块干净抹布蘸上脱脂除蜡剂，在底材上擦洗，每次擦洗面积

为 $0.2 \sim 0.3 m^2$，一小块一小块地进行；当底材还湿润时，用另一块干净抹布擦干，以有效清除油污和蜡质。

③使用金属磷化底漆（金属调节剂）进行清洗。按使用说明将磷化底漆和磷化液混合好，然后用抹布或喷雾器进行喷涂。在磷化底漆未干之前用抹布把表面擦干净。磷化的目的是为了增强附着性能。

④涂抹金属转换剂。将适量的金属转换剂倒入容器中，用刮板、刷子或喷雾器涂抹在金属表面上。让转换剂干燥 $2 \sim 5$ 分钟，然后再用清水冲洗，用干净抹布擦干，保持表面干燥。转换剂的作用是增强防腐性能。

（2）对镀锌金属底材的处理

锌是一个活泼金属，与涂料的基料反应会生成破坏锌表面与涂层的附着力的锌皂。为使涂层与锌表面结合牢固，使锌的表面粗糙并形成一个防止锌与基料反应的保护膜，必须对镀锌金属表面进行喷涂前预处理。镀锌金属表面的处理方法如下：

①除油脱脂处理。

②铬酸盐处理。将含铬的酸性溶液涂锌材上，处理 1 分钟左右，生成一层无色、黄色或橄榄色的无机铬酸盐膜。

③锌材表面的磷化处理。磷化前的由于锌材不像钢材那样耐腐蚀，因此，磷化清洗液的成分多含硅酸盐、磷酸盐。处理方法同钢材的磷化处理一样。

（3）对铝及铝合金底材的处理

铝及铝合金板材比钢铁表面光滑，涂膜附着不牢，必须进行化学处理，以提高铝材表面的附着力。铝材处理的步骤如下：

①表面清洗。铝制品不能使用强碱的清洗液清洗，一般采用有机溶剂脱脂法，或由磷酸钠、硅酸钠等配制的碱性液清洗。

②化学处理。将铝或铝合金置于含碳酸钠、铬酸盐等碱性溶液内，在高温下处理 $5 \sim 20$ 分钟，使表面生成一层氧化膜，氧化处理后要进行纯化处理，使氧化膜稳定，并中和残留在零件表面的碱性溶液，进一步提高防腐能力。

多数汽车制造厂提供的零部件的金属板面上已经涂上了底漆，若更换此类零部件不必再进行特殊处理，即可喷涂面漆。

2. 塑料表面的处理方法

尽管塑料制品不会生锈，易于着色，本身就有抗腐蚀能力和装饰性能，但在塑料制品上加涂一层合适的涂层，可以延长外涂层的使用寿命，提高涂层的各项性能。对裸露塑料板件的表面处理步骤包括脱脂处理、化学处理、退火处

理和静电除尘。

（1）脱脂处理

用溶剂清洗或碱液清洗，除去塑料表面的油污和脱膜剂。

（2）化学处理

用酸、氧化剂、聚合物单体等涂抹在塑料件的表面，通过化学变化使塑料表面呈多孔状态，提高涂料在塑料表面的附着力。

（3）退火处理

在脱脂清洗以后，将塑料件加热到低于热变形的温度下并维持一定时间，消除内应力。

（4）静电除尘

利用电晕放电使空气电离，离子化的压缩空气喷到塑料表面，使塑料表面和灰尘的电性被中和，达到静电除尘的目的。

注意：脱脂和化学处理时，一定要控制好处理时间，时间过长易使板件损伤。退火处理时要严格控制好加热温度，以免烧伤板件。

3. 旧漆层表面的处理方法

旧涂层表面可能是基本完好，只需稍加整理就可重新喷漆；也可能存在裂纹、锈蚀等缺陷，处理起来就比较复杂，如图 2-19 所示。

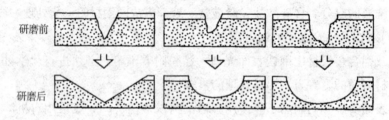

图 2-19　边缘接口部位处理后的最终形状

（1）对良好旧涂层的表面处理

旧涂层表面状况良好，涂层稳定，而且新喷涂层与旧涂层无化学反应，可以按照清洁车辆、用去蜡除油脂清洗剂进一步清洗、修理原有漆面上缺陷的步骤进行处理。

（2）对不良旧涂层的表面处理

如果旧涂层已经严重褪色或存在明显伤痕，就不应在旧涂层上再喷涂新涂层，应将旧涂层全部或部分清除，然后按规范重新喷涂。常用的除漆方法有打磨、喷砂和化学除漆三种。

①打磨。对于较小的平坦部位可用打磨机清除原有旧涂层，如图 2-20 和图 2-21 所示。先用 24#砂纸打磨，磨去涂层，露出金属。然后用 40#或 60#砂纸进行打磨，消除粗砂纸打磨造成的划痕。之后，用轨道打磨机或双动打磨机以 100#砂纸打磨，清除金属表面的划痕。最后用 180#砂纸精磨。

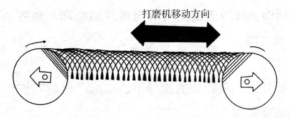

图 2-20　打磨较为平整面的移动操作

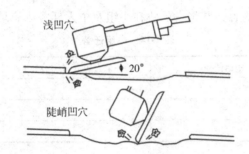

图 2-21　打磨小凹穴的操作

②喷砂。采用喷砂法清除旧涂层对于所有类型的车身结构都是适用的，如图 2-22 所示。经过喷砂处理、清洁和干燥后的表面，适合于重新喷涂。

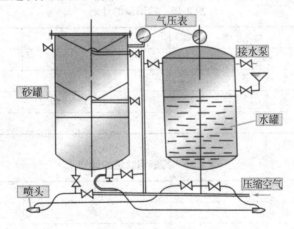

图 2-22　喷丸机设备示意图

③化学除漆。化学除漆适用于清除大面积涂层。在涂抹脱漆剂之前，要将

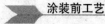

不需要脱漆的部位遮盖起来，确保脱漆剂不会进入到这些部位。

（3）对边缘接口的处理

边缘接口的处理可采用手工打磨或打磨机进行。打磨机多采用双作用打磨机，使用的磨头是硬磨头，使用的砂纸粒度一般是60～120#，打磨时所用气压一般为600～700kPa。打磨表面应没有粗糙的划痕和不整齐的形状，要使新、旧漆层的交接平滑过渡。

三、决策

（1）进行学员分组，在教师的指导下，实施厂区的除旧漆、打磨羽状边、清洁除油和喷涂底漆操作。

（2）各小组选出一名负责人，负责人对小组任务进行分配。组员按负责人要求完成相关任务内容，并将自己所在小组及个人任务内容填入表2-14中。

表2-14　小组任务

序号	小组任务	个人职责（任务）	负责人

四、制订计划

根据任务内容制订小组任务计划，简要说明任务实施过程的步骤及辅助工具，并将计划内容等填入表2-15～表2-17中。

表2-15　除旧漆的计划

序号	操作步骤	使用设备	是否合格
1			
2			
3			
4			

表2-16　打磨羽状边的计划

序号	操作内容	操作方法	注意事项
1			
2			
3			
4			

表 2-17　清洁除油的计划

序号	操作步骤	使用设备	是否合格
1			
2			
3			
4			

五、实施

1. 实践准备，见表 2-18。

表 2-18　实践准备

场地准备	场景准备	资料准备	素材准备
四工位的涂装实训室、对应数量的课桌椅、黑板一块	工厂场景、消防布置、三废	羽状边打磨要求、干磨机使用规范	除旧漆、打磨羽状边、清洁除油和喷涂底漆规范录像

2. 实施除旧漆操作，并完成表 2-19 的填写。

表 2-19　除旧漆操作

操作内容	操作方法	是否合格

3. 实施打磨羽状边操作，并完成表 2-20 的填写。

表 2-20　羽状边操作

操作内容	操作方法	是否合格

4. 清洁除油操作，并完成表 2-21 的填写。

表 2-21　除油操作

操作内容	操作方法	是否合格

六、检查

完成对除旧漆、打磨羽状边、清洁除油操作，请将检验过程及结果填写在表 2-22 中。

表 2-22　检查

实施内容：
实施过程：
实施结果：

七、评估与应用

思考：除旧漆、打磨羽状边、清洁除油操作标准，见表 2-23。

表 2-23　评估与应用

形式：独立思考、总结
时间：10 分钟
记录：

学习情境三　底涂层涂装

学习目标

1. 熟悉车用各种底漆的特性及选用原则。

2. 掌握车用底漆的调制方法。

3. 能进行车用底漆的选用与调制。

4. 熟悉空气喷枪的结构、原理和类型。

5. 掌握空气喷枪的使用和维护方法。

6. 能正确使用空气喷枪进行喷涂操作。

7. 熟悉压缩空气供给系统缺陷对喷涂质量的影响。

8. 掌握空气供给系统的组成、使用和维护方法。

9. 能结合喷涂的实际情况解决压缩空气系统的缺陷。

10. 熟悉底漆喷涂的一般步骤。

11. 掌握不同类型底材的底漆喷涂方法。

12. 能熟练的进行车身底漆的喷涂。

情境导入

　　一辆汽车翼子板腐蚀，如图 3-1 所示，检查原因是在做涂装修补时缺少了喷涂底漆工序，必须重新返工。就这辆轿车而言，涂装人员应该怎样进行环氧底漆的施工呢？

图 3-1　表面锈蚀的汽车翼子板

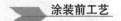
学习任务一　底漆的选用与调制

【学习目标】

1. 熟悉车用各种底漆的特性及选用原则。
2. 掌握车用底漆的调制方法。
3. 能进行车用底漆的选用与调制。

【学习内容】

1. 能够掌握底漆的选用。
2. 掌握底漆的调配。

一、底漆的基本知识

底漆是直接涂布在已经过底材处理的物体表面上的第一道漆，它具有增强金属表面与原子灰、原子灰与面漆之间的附着力，防止金属表面氧化腐蚀，提高金属防腐能力的作用。

车身常用底漆根据其使用的用途不同可分为普通底漆和特殊用途底漆。普通底漆又根据其使用的目的不同分为头道底漆、二道底漆、表面封闭底漆等。头道底漆颜料含量最低，填充性能较弱，具有较强的附着力，较难被砂纸打磨。由于头道底漆含胶黏剂较多，上层涂料容易与之牢固地结合，一般情况下直接涂在裸漏底材上；二道底漆具有最高的颜料含量，它的功能是填塞针孔、细眼等，具有良好的打磨性，二道底漆的附着力较差，在涂二道底漆后，必须把表面的二道底漆大部分磨去，否则会影响面层涂料的附着力，造成面层涂料的浮脆、气泡等现象；封闭底漆含颜料成分较低，主要用于填平打磨的痕迹，给面层涂料提供最大的光滑度，使面层涂料丰满，并可防止产生失光、斑点等现象。特殊用途底漆常见的有磷化底漆、带锈底漆和塑料底漆等。

1. 普通底漆

车身常用底漆有醇酸底漆、硝基底漆、环氧底漆、聚氨酯底漆和丙烯酸树脂底漆等，其中环氧树脂底漆在现代汽车涂装中最为多见。

环氧树脂底漆简称环氧底漆，是物理隔绝防腐底漆的代表。环氧树脂是线型的高聚物，以环氧丙烷和二酚基丙烷缩聚而成。它具有极强的黏结力和附着力，良好的韧性和优良的耐化学性，因此环氧底漆具有如下的优点：

（1）附着力极强，对金属、木材、玻璃、塑料、陶瓷、纺织物等都有很好的附着力和黏结力。

（2）涂膜韧性好，耐挠曲，硬度比较高；

（3）耐化学品性优良，尤其是耐碱性更为突出。因为环氧树脂的分子结构内含有醚键，而醚键在化学上是最稳定的，所以对水、溶剂、酸、碱和其他化学品都有良好的抵抗力。

（4）良好的电绝缘性，耐久性、耐热性良好。

2. 特殊用途底漆

（1）磷化底漆。磷化底漆是以聚乙烯醇缩丁醛树脂为主要成膜物质，并加防锈颜料四盐基锌铬黄而制成的底漆，与分开包装的磷化液调配使用。

磷化底漆的防锈原理是：将调配好的磷化底漆涂于金属表面后，磷化液中的磷酸与四盐基锌铬黄反应，生成不溶性的磷酸盐覆盖膜，同时生成铬酸使金属表面钝化。另外，由于聚乙烯醇缩丁醛树脂具有很多极性基团，也参与了锌铬颜料与磷酸的反应，转变为不溶性的络合物膜层，与磷酸盐覆盖膜共同起到防腐蚀和增强附着力的作用。

涂布磷化底漆可代替对金属表面的磷化处理工序，使用方便；涂层的防腐性、附着力和绝缘性高，使用寿命长。但因磷化底涂膜厚很薄（10～15μm），故不能代替底漆涂层，因此，在涂布过磷化底漆后，还应使用一般底漆打底，以增强防腐蚀和涂装效果。

（2）塑料底漆。塑料制品的涂装是为了提高外表的装饰性（如车身外装饰件的外观装饰性和耐候性要与车身涂层相同），消除表面缺陷和改善表面性能（提高耐候性和耐化学腐蚀性等），但因塑料的材质、性能、软硬等不同，除部分品种外，一般不耐高温；另一方面，由于聚合系列翅料的表面能比较低，表面极性小，涂料的湿润性差往往造成涂膜附着力不良。

塑料底漆通常为单组分，开罐即可使用，直接喷涂一薄层，等待10分钟左右（常温）待稍稍干燥后就能继续喷涂中涂层或面漆。

二、底漆选用原则与调制方法

1. 底漆的选用原则

底漆的选用应遵守以下几个原则：

(1)底漆与底材应有良好的附着性，并与中间涂层或面漆涂层有良好的结合力。所形成的涂层应具有极好的机械性能(耐冲击性、硬度、弹性等)。

(2)底漆必须具有极好的耐腐蚀性、耐水性和抗化学品性，对金属无腐蚀作用，并能防止金属表面的电化学腐蚀。

(3)底漆应具有填平纹路、针眼和孔洞作用，并具有良好的打磨性能。

(4)底漆与底材表面、中间涂层、面漆应有良好的配套性，以防出现涂装缺陷。

(5)底漆应有良好的施工性能，能适应汽车修补涂装工艺的要求。

2. 底漆的调制方法

(1)底漆调制的基本知识。

混合比例。在涂料调制中，涂料、稀释剂及添加剂等的表示方法有百分数、比例和质量份数3种。百分数就是每种材料必须按某种比例或几分之几加入。如某种涂料使用时的稀释率为50%，就是指两份涂料必须用一份稀释剂来稀释。比例数表示所需每种材料的定量值。第一位数字一般是指涂料数量，第二位数字表示溶剂(或稀释剂)，第三位数字表示固化剂或其他添加剂的数量。如比例为4∶1∶1表示4份涂料、1份稀释剂和1份固化剂进行混合。质量份数混合是定量的涂料与定量的其他材料混合，如稀释率为25%，即4份涂料用1份稀释剂稀释。

(2)底漆的调制方法。涂料调制的方法和步骤如下：

①核对涂料的类型、名称、型号及品种应与所选的涂料完全相符。在开盖前，应将涂料桶倒置并进行摇晃，使涂料混合均匀。

②打开涂料桶盖后，观察涂料是否有结皮、干结、沉淀、变色、变稠、浑浊、变质等质量问题。若存在质量问题，应更换或处理后再使用。

③调制涂料就是把一定数量的涂料及配套稀释剂按照要求的稀释率混合，用搅拌棒充分搅拌均匀后，检查涂料的黏度是否符合要求。

④对于双组分和多组分涂料的混合调制，或对涂料黏度要求很高时，应采用调漆尺调制。

⑤过滤。在将调制过的涂料倒入喷枪罐之前，过滤是很有必要的：一是为了减少对喷枪的堵塞，保证喷枪正常工作，提高喷涂施工质量；二是提高涂层的表面光洁度。

三、参考习题

1. 底漆的选用

底漆的作用：＿＿＿＿＿＿＿＿＿＿＿＿＿＿＿＿＿＿＿＿＿＿＿＿＿＿。

(a)丙烯酸底漆

(b)磷化底漆

(c)环氧底漆

(d)塑料底漆

图 3-2　底漆的选用

底漆的种类：_____。

环氧树脂底漆的应用场合：_____。

磷化底漆的应用场合：_____。

塑料底漆的应用场合：_____。

2. 底漆的调制方法

底漆的调制的方法和步骤如下：

① _____。

② _____。

③ _____。

④ _____。

⑤ _____。

四、决策

（1）进行学员分组，在教师的指导下，参考工具使用注意事项和涂装场地的操作规程，探讨练习底漆的选用与调制。

（2）各小组选出一名负责人，负责人对小组任务进行分配。组员按负责人要求完成相关任务内容，并将自己所在小组及个人任务内容填入表 3-1 中。

表 3-1　小组准备

序号	小组任务	个人职责（任务）	负责人

五、制订计划

根据任务内容制订小组任务计划，简要说明底漆的选用与调制方法，并将操作步骤填入表 3-2 和表 3-3 中。

表 3-2   底漆的选用

序号	底漆的选用	选用理由	注意事项
1			
2			
3			
4			
5			

表 3-3   底漆的调制方法

序号	操作步骤	操作内容	注意事项
1			
2			
3			
4			

六、实施

1. 实践准备

实践准备见表 3-4。

表 3-4   实践准备

场地准备	硬件准备	资料准备	素材准备
4 工位涂装实训室、对应数量的课桌椅、黑板一块	各种环氧底漆和调配工具 4 套	安全操作规程手册和 PPG 油性漆使用说明	PPG 油性漆使用说明

2. 操作方法

操作方法见表 3-5。

表 3-5   实施底漆的调制并完成项目单填写

操作内容	使用的设备和工具	操作方法	注意事项

学习任务二　空气喷枪的使用

在喷涂练习的实践课上,一部分学生总是掌握不了喷涂要领,漆面经常出现流挂、粗糙和涂膜分布不均匀的故障(见图3-3),产生这些故障的根本原因是学生不能掌握喷枪操作的基本规范和技巧。本任务要求掌握喷枪的操作规范、使用方法和操作技巧。

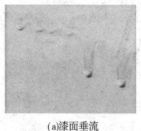
(a)漆面垂流

(b)漆面粗糙

(c)涂膜不匀

图3-3　喷涂质量不合格的板件

【学习目标】

1. 熟悉空气喷枪的结构、原理和类型。
2. 掌握空气喷枪的使用和维护方法。
3. 能正确使用空气喷枪进行喷涂操作。

【学习内容】

1. 学习喷枪的基本知识,掌握喷枪的结构、原理、使用和维护等知识要点。
2. 反复练习,掌握喷枪的操作技能。

喷枪是汽车涂装修补的关键设备,喷枪性能的好坏对涂装修补的质量影响很大。喷枪的类型和规格较多,适用于不同场合的喷涂,但其基本功能和原理是一致的。

一、空气喷枪的结构
喷枪主要由空气帽、喷嘴、针阀、扳机、气阀、调节钮和手柄等组成,典型的吸力进给式空气喷枪的结构如图 3-4 所示。

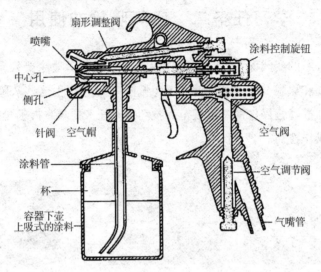

图 3-4　吸力进给式空气喷枪的结构图

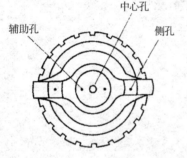

图 3-5　气孔的名称

空气帽引导压缩空气撞击涂料，使其雾化成有一定直径的漆雾。空气帽上有 3 个小孔为中心孔、辅助孔、侧孔，如图 3-5 所示。中心孔位于喷嘴末端，产生喷出涂料所需的负压。辅助孔可促进涂料的雾化，喷出空气量的多少与涂料雾化好坏有很大关系，如图 3-6 所示。侧孔喷出的气流可控制喷雾的形状，当扇形调节旋钮关上时，喷雾的形状是圆形，当调节旋钮打开时，喷雾的形状变成椭圆形。针阀直接控制涂料的吸入量。从喷枪前端喷出涂料的实际数量取决于针阀控制的喷嘴开口的大小。不同涂料应选用不同规格的喷嘴。扣动扳机时，流体控制钮可调节喷嘴的实际开度。

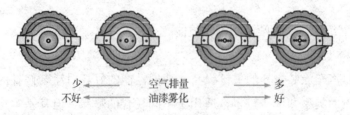

图 3-6　辅助孔的大小、数目与喷枪工作性能的关系

二、空气喷枪的工作原理

空气喷枪是指利用空气压力将液体转化为小液滴的喷涂工具，喷枪工作的

过程就是涂料的雾化过程。雾化使涂料成为可喷涂的细小且均匀的液滴，当这些小液滴被以正确的方式喷在汽车表面后就会结合形成一层厚度极薄的，均匀平整地涂膜。

涂料雾化分为以下 3 个阶段进行如图 3-7 所示。

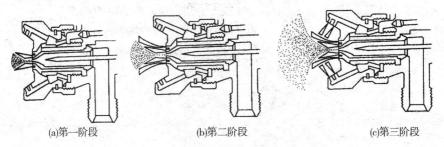

(a)第一阶段　　　　　　(b)第二阶段　　　　　　(c)第三阶段

图 3-7　涂料雾化的三个阶段

第一阶段，涂料由于虹吸作用从喷嘴喷出后，被从环形口喷出的气流包围，气流产生的气旋使涂料分散。

第二阶段，涂料的液流与从辅助孔喷出的气流相遇时，气流控制液流的运动，并进一步使涂料分散。

第三阶段，涂料受从空气帽喇叭口喷出的气流作用，气流从相反的方向冲击涂料，使涂料成为扇形的液雾。

三、空气喷枪类型

1. 普通喷枪

喷枪主要是按照涂料的供给方式来分类的，如吸力进给式喷枪、重力进给式喷枪和压力进给式喷枪。普通喷枪的类型、结构、工作原理和用途见表 3-6。

表 3-6　普通喷枪的类型、结构、工作原理和用途

类型	结构	工作原理	用途
吸力进给式喷枪	自压紧涂头针封(内部)　套装(漆针、喷嘴、风帽)　连接螺母　壶盖锁　防滴漏膜片(内部)　涂料滤网(内部)　涂料流量调节旋钮　喷幅调节旋钮　空气压力调节器　空气阀门(内部)　自压紧空气阀门密封件(内部)　扳机　空气接头　壶盖	吸力进给式喷枪的涂料置于罐底，扣动扳机，压缩空气冲入喷枪，气流经过空气帽开口时形成局部真空，罐中的涂料被真空吸往已开启的针阀，形成雾状喷射流	吸力进给式喷枪主要喷涂黏度较小的涂料，广泛应用于汽车修补涂装、家具涂装、建筑装潢行业及批量较小的产品涂装

续表

类型	结构		
重力进给式喷枪	防滴漆壶 涂料滤网（内部） 喷幅调节旋钮 涂料流量调节旋钮 喷嘴组合（喷嘴、枪针、风帽） 压缩空气调节旋转 自压紧针封套件（内部） 空气阀门（内部） 空气阀门密封套件（内部） 空气接头	重力进给式空气喷枪是利用涂料自身的重力流入喷嘴进行雾化喷射的	重力进给式喷枪适用于较稠的涂料，如喷涂二道浆、油灰等车身填料
压力进给式喷枪	防滴漆壶 涂料滤网（内部） 喷幅调节旋钮 涂料流量调节旋钮 喷嘴组合（喷嘴、枪针、风帽） 压缩空气调节旋钮 自压紧针封套件（内部） 空气阀门（内部） 空气阀门密封套件（内部） 空气接头	压力进给式空气喷枪是利用压缩空气进入涂料罐中，推动涂料从涂料输入管进入喷嘴中雾化，形成雾状喷射流	压力进给式空气喷枪适应于大面积的喷涂

2. 专用喷枪

专用喷枪有双嘴喷枪、带搅拌器的喷枪、长杆喷枪和微型喷枪4种。专用喷枪的类型、结构、特点和用途见表3-7。

表3-7 专用喷枪的类型、结构、特点和用途

类型	结构	特点	用途
双嘴喷枪		双嘴喷枪采用了将涂料的两种组分在枪体内混合的方式喷出，无须在喷前把涂料预先混合均匀	双嘴喷枪专门用于喷涂双组分涂料
带搅拌器喷枪	喷杯 搅拌器	进入喷枪的压缩空气分成两路，一路进入空气帽使涂料雾化、喷出另一路则驱动气动电动机，使杯内的搅拌器旋转搅拌	带搅拌器喷枪可使涂料中的云母、铝粉等密度较大的颜料在施工过程中混合均匀

续表

类型	结构	特点	用途
长杆喷枪		长杆喷枪由特制的喷杆和高压设备向构件的内表面压送涂料	长杆喷枪主要用于通过小孔向封闭构件内部喷涂防腐涂层
微型喷枪	压缩空气　油漆	微型喷枪主要有双功能式和单功能式两种。单功能式的特点是喷嘴不可更换，喷射量是不可调的。而双功能式的特点是可以更换喷嘴，调整喷枪的出漆量	微型喷枪是对车身漆面划痕进行处理的专用喷涂修复工具

3. 环保型喷枪

环保型喷枪又称为 HVLP 喷枪（见图 3-8），意为高流量低气压式喷枪，即使用大量空气，在低气压下将涂料雾化成低速的小液滴。它与传统喷枪的区别在于其材料传递效率非常高。环保型喷枪与普通喷枪的比较见表 3-8。

图 3-8　环保型喷枪

表 3-8　环保型喷枪与普通喷枪的比较

喷枪类型	工作原理	涂料利用率	喷涂距离	喷涂特点
环保型喷枪	环保喷枪将涂料分解成小液滴的气压不超过 70kPa，当涂料流进入气流后，由于没有反弹现象，减少了弥漫的喷雾	65% 以上	150～200mm	环保喷枪工作非常安静，工作效率高，适用于任何可用喷枪雾化的液体溶剂材料
普通喷枪	传统喷枪主要利用高压气体将涂料"吹"成小液滴，在这一过程，将产生大量多余的喷雾，喷雾反弹，出现"回喷"现象	35%～40%	200～300mm	普通喷枪工作噪音大，工作效率低，适用范围小

四、空气喷枪的使用

1. 空气喷枪的调整

（1）最佳喷涂压力的调整。严格按照涂料产品说明书所提供的施工参数调整喷枪的压力。最佳的喷涂压力是指能使涂料获得最好雾化的最低空气压力。空气压力调节包括空气压力调节器的调节和喷枪上空气调节螺钉的调节。空气压力调节器用于喷涂主压力的调整，顺时针转动调压阀，气压增大（见图3-9），逆时针转动调压阀，喷涂主压力减小。空气调节螺钉（见图3-10）用于喷涂压力的微调，旋紧螺钉，喷涂压力减小，反之增大。反复调节空气压力调节器的调压阀和喷枪上的空气调整螺钉，直到获得理想的喷涂压力为止。注意：喷涂压力的调节只有在喷枪扳机完全拉紧的状态下进行。

图3-9　空气压力调节器的调整

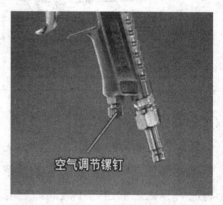

图3-10　喷枪上的空气调节螺钉

（2）获得最佳喷幅图形的调整。如图3-11所示，调整方法是转动雾束调整旋钮，拧进雾束变宽，拧出雾束变窄变圆。反复调整，直至获得最佳的雾束。

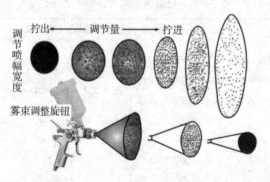

图3-11　喷幅图形的调整

（3）获得最佳出漆量的调整。如图3-12所示，改变出漆量调整旋钮，观察

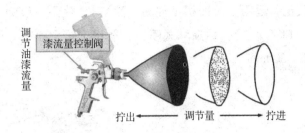

图 3-12　出漆量的调整

涂料的雾化程度。即拧进旋钮出漆量少，拧出旋钮则出漆量大。

（4）调整雾束的方向。调整空气帽可以改变雾束的方向。将空气帽犄角调整成与地面平行，喷出的雾束呈平面且垂直地面，这种雾束交垂直雾束，这种方式用得最多。如果空气帽的犄角与地面垂直，喷出的雾束呈平面且平行于地面，叫水平雾束，如图 3-13 所示。

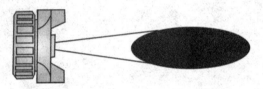

图 3-13　空气帽调整后的水平雾束

（5）雾化质量的检查。通过雾形的流挂情况来检查涂料的雾化质量，如图 3-14 所示。如果流挂呈分开状态，是由于喷束太宽如果流挂呈中间多而两侧少，则是由于喷束太窄或出漆量太大。通过模式旋钮和涂料流量旋钮的反复调整，最终得到喷束各段的流挂长短均匀为止。

(a)合适的喷涂图形　(b)分离的喷涂图形　(c)中间过重的喷涂图形

图 3-14　雾化质量的检查

2. 空气喷枪的操作要领

（1）喷枪与工件表面的角度。喷枪与被涂表面之间的角度应始终保持垂直，绝不可由手腕或手肘作弧形摆动，如图 3-15 所示。

（2）喷枪与被涂表面的正确距离。如图 3-16 所示，使用 PQ-1 喷枪（PQ-1 喷枪又称对嘴式喷枪，适用于小面积工件的喷涂）时，喷距一般为 150 ~ 250mm。使用 PQ-2 喷枪（PQ-2 喷枪又称扁嘴式喷枪，适用于较大面积工件的喷涂）时，喷距一般为 200 ~ 300mm。

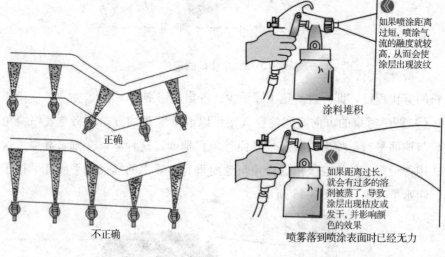

正确

不正确

图 3-15　喷枪与工件表面的角度

涂料堆积

如果喷涂距离过短，喷涂气流的融度就较高，从而会使涂层出现波纹

如果距离过长，就会有过多的溶剂被蒸了，导致涂层出现桔皮或发干，并影响颜色的效果

喷雾落到喷涂表面时已经无力

图 3-16　喷枪与被涂表面的距离

（3）喷枪移动的速度。喷枪的移动速度应保持在 300 ~ 600mm/s 范围内，或根据涂料的施工黏度、喷涂距离等来确定喷枪的移动速度，以获得最佳的涂膜质量为准。

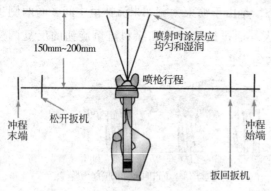

150mm~200mm

喷射时涂层应均匀和湿润

喷枪行程

松开扳机

扳回扳机

冲程末端

冲程始端

图 3-17　喷枪扳机的控制

（4）喷枪扳机的控制。喷枪在移动状态下才能扣动扳机，即在每次喷涂开始时扣动扳机，终了时松开扳机。若在喷枪静止时扣动扳机，就会产生过喷现象。扣扳机的正确操作分为 4 步（见图 3-17）：先从遮盖纸开始走，扣下扳机的一半，仅放出空气当走到喷涂表面边缘时，完全扣下扳机，喷出涂料当走到另一头时，松下扳机一半，涂料停止流出反向喷涂再向前移动几厘米，然后重复上述操作步骤。

（5）喷涂边缘的搭接。喷涂的喷幅搭接包括边缘搭接、喷幅搭接和两次喷涂面积搭接 3 种。喷幅搭接指的是前后两次喷幅的重叠区域的大、小。一般重叠区域的大、小为幅宽的 1/2 ~ 2/3，如图 3-18 所示。

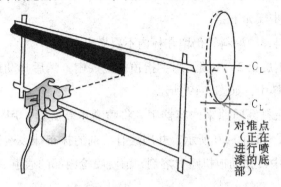

对准点
（正在进行喷漆的底部）

图 3-18　喷幅搭接

两次喷涂面积搭接：由于手提式喷枪每次有效的移动距离为 500 ~ 900mm，如果需喷涂的长度大于 900mm，就需分段喷涂。每次喷涂应有 100mm 的"湿边缘"重叠。在重叠区操作时，要注意扣动扳机的时机和程度，防止出现双涂层或厚边带。

3. 空气喷枪的使用注意事项

（1）使用前，应检查涂料罐盖上的空气孔是否堵塞，涂料罐盖上的密封圈有无渗漏。

（2）按照施工参数要求调整好出漆量、雾束大小和方向，若有故障，应及时排除。

（3）在喷涂过程中，若需暂停工作，应将喷枪头浸入溶剂中，以防涂料干燥、结皮，堵塞喷嘴而影响工作。

（4）喷涂结束后，立即清洗喷枪，并进行必要的维护保养。

（5）避免喷枪碰撞物体或摔落地上，以防造成永久性损坏。

（6）喷枪一般不要大拆大卸，以防损坏零件。若必须拆检时，应注意各锥形部位不能沾有异物，密封垫、喷嘴、空气帽等不能损坏。安装完成后，应正确调整和试验，使拆检后的喷枪达到技术要求。

为了获得最佳的修补效果，在不同的情况下要使用不同的喷枪。建议每人配备 4 把喷枪，一把用于底漆、中涂层喷涂，一把用于面漆、清漆层喷涂，一把用于银粉漆喷涂，还有一把小修补喷枪用于点修补时使用。如果这些喷枪保持良好的清洗和工作顺序，就会节省大量换枪时的调整和清洗时间。

五、空气喷枪的日常维护

1. 空气喷枪的清洗

喷枪的清洗步骤如下：

（1）松开涂料杯，涂料管仍留在杯内不要撤出。

（2）将空气帽旋出2~3圈，用手指顶住空气帽，然后扣动扳机，迫使喷枪中的涂料回流到杯中，如图3-19所示。

（3）将杯中涂料倒回原来的容器中。将喷嘴重新旋紧，用溶剂和小毛刷清洗涂料杯和杯盖，如图3-20所示，并用蘸有溶剂的抹布抹去残留物。然后将干净的溶剂倒进杯中，扣动扳机喷射溶剂，清洗喷枪内部的通道。

图3-19　迫使涂料回流的喷漆杯中

图3-20　清洗涂料杯和杯盖

（4）把空气帽卸下放入溶剂内清洗，如图3-21所示。阻塞的孔应予以疏通。切忌用金属丝疏通小孔，以免破坏喷孔。

（5）用毛刷和溶剂清理喷嘴，如图3-22所示。

图3-21　清洗空气帽

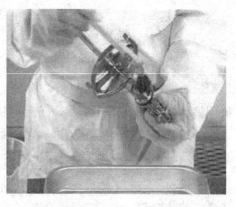

图3-22　清洗喷嘴

（6）用蘸有稀释剂的抹布擦拭喷枪外表，除去所有油漆的痕迹。

目前，存一些地区和单位已开始使用喷枪自动清洗机（见图 3-23），结合人工手洗来清洗喷枪，清洗效果非常好。清洗方法：将喷枪放到清洗机中，盖上桶盖，然后打开气动泵使清洗桶内的清洗液旋转，从而清洗各部件的内部和外部。不用 1 分钟，该设备就能清洗干净各部件。

2. 喷枪的保养

喷枪保养的主要内容有：喷枪各部件之间有相对运动的部位，每次清洗之后，这些部位应当

图 3-23 喷枪清洗机

加滴少许轻机油润滑。喷枪内的密封圈、弹簧、针阀和喷嘴必须定期更换等。

六、资讯

（一）空气喷枪的结构

典型的吸力进给式空气喷枪主要由_____、_____、_____、_____、_____、_____和_____等组成。

空气帽上有 3 个小孔为_____、_____、_____、。

_____位于喷嘴末端，产生喷出涂料所需的负压。

_____可促进涂料的雾化，喷出空气量的多少与涂料雾化好坏有很大关系。

_____喷出的气流可控制喷雾的形状，当扇形调节旋钮关上时，喷雾的形状是圆形，当调节旋钮打开时，喷雾的形状变成椭圆形。

_____直接控制涂料的吸入量。

扣动扳机时，_____可调节喷嘴的实际开度。

（二）空气喷枪的工作原理

空气喷枪是指利用_____将液体转化为_____的喷涂工具，喷枪工作的过程就是_____过程。这些小液滴被以正确的方式喷在汽车表面后就会结合形成一层厚度极薄的，均匀平整的涂膜。

涂料雾化分为以下 3 个阶段进行：

第一阶段：_____。

第二阶段：_____。

第三阶段：_____。

(三)空气喷枪类型

1. 普通喷枪

喷枪主要是按照涂料的供给方式来分类的,如吸力进给式喷枪、重力进给式喷枪和压力进给式喷枪。普通喷枪的类型、结构、工作原理和用途见表3-9。

表3-9　普通喷枪的类型、结构、工作原理和用途

类型	结构	工作原理	用途
吸力进给式喷枪	自压紧涂头针封(内部)　涂料流量调节旋钮　套装(漆针、喷嘴、风帽)　喷幅调节旋钮　连接螺母　空气压力调节器　壶盖锁　空气阀门(内部)　防滴漏膜片(内部)　自压紧空气阀门密封件(内部)　扳机　涂料滤网(内部)　空气接头　壶盖		
重力进给式喷枪	防滴漆壶　涂料滤网(内部)　喷幅调节旋钮　涂料流量调节旋钮　喷嘴组合(喷嘴、枪针、风帽)　压缩空气调节旋钮　自压紧针封套件(内部)　空气阀门(内部)　空气阀门密封套件(内部)　空气接头		
压力进给式喷枪	防滴漆壶　涂料滤网(内部)　喷幅调节旋钮　涂料流量调节旋钮　喷嘴组合(喷嘴、枪针、风帽)　压缩空气调节旋转　自压紧针封套件(内部)　空气阀门(内部)　空气阀门密封套件(内部)　空气接头		

2. 专用喷枪

专用喷枪有双嘴喷枪、带搅拌器的喷枪、长杆喷枪和微型喷枪4种。专用喷枪的类型、结构、特点和用途见表3-10。

表3-10　专用喷枪的类型、结构、特点和用途

类型	结构	特点	用途
双嘴喷枪			
带搅拌器喷枪	喷杯 搅拌器		
长杆喷枪			
微型喷枪	压缩空气　油漆		

3. 环保型喷枪

环保型喷枪又称为 HVLP 喷枪，意为高流量低气压式喷枪，即使用大量空气，在低气压下将涂料雾化成低速的小液滴。它与传统喷枪的区别在于其材料传递效率非常高。环保型喷枪与普通喷枪的比较见表3-11。

表3-11　环保型喷枪与普通喷枪的比较

喷枪类型	工作原理	涂料利用率	喷涂距离	喷涂特点
环保型喷枪				
普通喷枪				

(四)空气喷枪的使用

1. 空气喷枪的调整

(1)最佳喷涂压力的调整。空气压力调节器用于喷涂主压力的调整，顺时

针转动调压阀，气压_____。逆时针转动调压阀，喷涂主压力_____

_____。

（2）获得最佳喷幅图形的调整。调整方法是转动雾束调整旋钮，_____

_____雾束变宽，_____雾束变窄变圆。反复调整，直至获得最佳的

雾束。

（3）获得最佳出漆量的调整。改变出漆量调整旋钮，观察涂料的雾化程度，

即_____旋钮出漆量少，_____旋钮则出漆量大。

（4）调整雾束的方向。将空气帽犄角调整成_____，喷出的雾束

呈平面且垂直地面，这种雾束交垂直雾束，这种方式用得最多。如果空气帽的

犄角_____，喷出的雾束呈平面且平行于地面，叫水平雾束。

（5）雾化质量的检查。通过雾形的流挂情况来检查涂料的雾化质量。如果

流挂呈分开状态，是由于喷束太宽如果流挂呈中间多而两侧少，则是由于____

_____。通过模式旋钮和涂料流量旋钮的反复调整，最终得到_____

____为止。

2. 空气喷枪的操作要领

（1）喷枪与工件表面的角度。喷枪与被涂表面之间的角度应_____，

绝不可由手腕或手肘作弧形摆动。

（2）喷枪与被涂表面的正确距离。使用 PQ-1 喷枪（PQ-1 喷枪又称对嘴式喷

枪，适用于小面积工件的喷涂）时，喷距一般为_____mm。使用 PQ-2 喷枪

（PQ-2 喷枪又称扁嘴式喷枪，适用于较大面积工件的喷涂）时，喷距一般为____

_____mm。

（3）喷枪移动的速度。喷枪的移动速度应保持在_____范围内，

或根据涂料的施工黏度、喷涂距离等来确定喷枪的移动速度，以获得最佳的涂

膜质量为准。

（4）喷枪扳机的控制。喷枪在移动状态下才能扣动扳机，即在每次喷涂开

始时扣动扳机，终了时松开扳机。若在喷枪静止时扣动扳机，就会产生过喷现

象。扣扳机的正确操作分为4步_____

_____。

（5）喷涂边缘的搭接。喷涂的喷幅搭接包括边缘搭接、喷幅搭接和两次喷

涂面积搭接3种。喷幅搭接指的是前后两次喷幅的重叠区域的大、小。一般重

叠区域的大、小为幅宽的_____。

两次喷涂面积搭接：由于手提式喷枪每次有效的移动距离为_____mm，

如果需喷涂的长度大于900mm，就需分段喷涂。每次喷涂应有100mm的"湿边缘"重叠。在重叠区操作时，要注意扣动扳机的时机和程度，防止出现_____。

3. 空气喷枪的使用注意事项

（1）使用前，应检查涂料罐盖上的空气孔是否_____，涂料罐盖上的密封圈有无渗漏。

（2）按照施工参数要求调整好_____、_____和_____，若有故障，应及时排除。

（3）在喷涂过程中，若需暂停工作，应将喷枪头浸入_____中，以防涂料干燥、结皮，堵塞喷嘴而影响工作。

（4）喷涂结束后，立即_____，并进行必要的维护保养。

（5）避免喷枪_____，以防造成永久性损坏。

（6）喷枪一般不要_____，以防损坏零件。若必须拆检时，应注意各锥形部位不能沾有异物，密封垫、喷嘴、空气帽等不能损坏。安装完成后，应正确调整和试验，使拆检后的喷枪达到技术要求。

建议每人配备四把喷枪，一把用于_____、_____喷涂，一把用于_____、_____喷涂，一把用于_____喷涂，还有一把小修补喷枪用于_____时使用。

（五）空气喷枪的日常维护

1. 空气喷枪的清洗

喷枪的清洗步骤如下：

（1）松开涂料杯，_____仍留在杯内不要撤出。

（2）将空气帽旋出_____圈，用手指顶住空气帽，然后扣动扳机，迫使喷枪中的涂料回流到杯中。

（3）将杯中涂料倒回原来的容器中。将喷嘴重新旋紧，用溶剂和小毛刷清洗涂料杯和杯盖，并用蘸有溶剂的抹布抹去残留物。然后将_____倒进杯中，扣动扳机喷射溶剂，清洗喷枪内部的通道。

（4）把空气帽卸下放入溶剂内清洗。阻塞的孔应予以疏通。切忌用_____疏通小孔，以免破坏喷孔。

（5）用毛刷和_____清理喷嘴。

（6）用蘸有_____的抹布擦拭喷枪外表，除去所有油漆的痕迹。

目前，有一些地区和单位已开始使用喷枪自动清洗机，结合人工手洗来清洗喷枪，清洗效果非常好。清洗方法是，将喷枪放到清洗机中，盖上桶盖，然

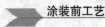

后打开气动泵使清洗桶内的清洗液旋转，从而清洗各部件的内部和外部。不用1分钟，该设备就能清洗干净各部件。

2. 喷枪的保养

喷枪保养的主要内容有：喷枪各部件之间有相对运动的部位，每次清洗之后，这些部位应当加滴少许轻机油润滑。喷枪内的_____、_____、_____和_____必须定期更换等。

七、决策

(1)进行学员分组，在教师的指导下，实施喷枪的喷涂和维护操作。

(2)各小组选出一名负责人，负责人对小组任务进行分配。组员按负责人要求完成相关任务内容，并将自己所在小组及个人任务内容填入表3-12中。

表3-12　小组任务

序号	小组任务	个人职责（任务）	负责人

八、制订计划

根据任务内容制订小组任务计划，简要说明任务实施过程的步骤及辅助工具，并将计划内容等填入表3-13 ~ 表3-15中。

表3-13　喷枪的调整操作的计划

序号	操作步骤	操作内容	是否合格
1			
2			
3			
4			

表3-14　喷枪的维护操作的计划

序号	操作内容	操作方法	注意事项
1			
2			
3			
4			
5			
6			

表 3-15 喷枪的喷涂操作的计划

序号	操作步骤	使用设备	是否合格
1			
2			
3			
4			

九、实施

1. 实践准备

实践准备见表 3-16。

表 3-16 实践准备

场地准备	场景准备	资料准备	素材准备
四工位的涂装实训室、对应数量的课桌椅、黑板一块	工厂场景、试喷板件、喷枪等四工位	喷枪维护要求、喷枪使用规范	喷枪维护要求、喷枪使用规范录像

2. 实施喷枪的调整操作，并完成表 3-17 的填写。

表 3-17 喷枪的调整操作

操作步骤	操作方法	是否合格

3. 实施喷枪的喷涂操作，并完成表 3-18 的填写。

表 3-18 喷枪的喷涂操作

操作内容	操作方法	是否合格

4. 实施喷枪的维护操作，并完成表 3-19 的填写。

表 3-19　喷枪的维护操作

操作内容	操作方法	是否合格

十、检查

完成喷枪的调整、喷涂、维护操作检查，请将检验过程及结果填写在表 3-20 中。

表 3-20　操作检查

检查过程：

检查结果：

十一、评估与应用

思考：喷枪调整参数要求。

表 3-21　评估与应用

记录：

思考：喷枪喷涂要求。

记录：

思考：喷枪维护要求。

记录：

学习情境四　原子灰施工

学习目标

1. 熟悉车身常用原子灰的性能和用途。
2. 掌握车身原子灰选用的一般原则。
3. 能根据车身底材正确选用原子灰。
4. 熟悉原子灰刮涂、打磨所需要的工具和材料。
5. 掌握原子灰刮涂、干燥和打磨的操作方法。
6. 能熟练进行原子灰的刮涂与打磨操作。
7. 了解喷漆房、烤漆房和烘干设备的结构类型和特点。
8. 掌握喷漆房、烤漆房和烘干设备的使用和维护方法。
9. 能正确使用喷漆房、烤漆房和烘干设备进行涂装操作。

情境导入

一汽车翼子板的底漆层已经打磨完成，现在需要进行原子灰的刮涂修补，如图4-1所示。在刮涂原子灰前，首先必须正确选择原子灰。因此，本节的中心任务就是原子灰的正确选用。

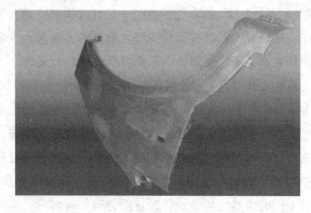

图4-1　待刮涂原子灰的车身翼子板

学习任务一 原子灰的选用

【学习目标】

1. 熟悉车身常用原子灰的性能和用途。
2. 掌握车身原子灰选用的一般原则。
3. 能根据车身底材正确选用原子灰。

【学习内容】

1. 能够掌握原子灰的选用。
2. 掌握原子灰的调配。

一、车用原子灰的作用与组成

1. 原子灰的作用

原子灰是一种膏状或厚浆状的涂料，它容易干燥，干后坚硬，适合打磨。原子灰一般使用刮具刮涂于底材的表面（根据使用的场合不同有可刮涂、刷涂和喷涂3种），用来填平底材上的凹坑、缝隙、孔眼、焊疤、刮痕以及加工过程中所造成的表面缺陷等，使底材表面达到平整、匀顺，使面漆的丰满度和光泽度等能够充分地显现。

原子灰俗称"腻子"，但与通常所指的腻子是有区别的。通常所指的腻子一般是用油基漆作为粘结剂，以熟石膏粉等作为填充料，并加入少量的颜料和稀释剂调和而成。这种腻子干燥时间长，干燥后质地比较软而且会出现不同程度的凹陷，对其上面的涂料具有一定的吸收作用，不利于涂装修补和面漆的美观，现已不用。20世纪80年代我国研制出了水性原子灰，用水作为稀释剂调和后使用。该种原子灰在一定程度上相对油性原子灰的性能有所改善，但仍存在塌陷、吸收、质软等缺点，现在也已经不常用。现代用的原子灰硬化时间短，常温下半个小时就可以干燥硬化；经打磨后的原子灰表面细腻光洁，质地坚硬，基本无塌陷，对上面的涂料吸收很少；附着能力强，耐高温，正常使用时不出现开裂和脱落现象，因此现在被广泛应用于汽车的制造和修补工作中。

2. 原子灰的组成

原子灰由树脂、颜料、溶剂和填充材料等组成的。现在较为常用的原子灰树脂有聚酯树脂和环氧树脂等，环氧树脂原子灰具有良好的附着力、耐水性和防化学腐蚀性能，但涂层坚硬不易打磨。由于其附着力优良，可以刮涂得较厚而不脱落、开裂，多用于涂有底漆的金属或裸金属表面。聚酯树脂原子灰也有着优良的附着力、耐水性和防化学腐蚀性能，而且干后软硬适中，容易打磨，经打磨后表面光滑圆润，适用于很多底材表面（但不能用于经磷化处理的裸金属表面），经多次刮涂后，膜厚可达 20mm 以上而不开裂、脱落，所以是应用最为广泛的一种，现在常见的原子灰基本都是聚酯树脂原子灰。

原子灰中的颜料以体质颜料为主要物质，配以少量的着色颜料。填充材料主要使用滑石粉、碳酸钙、沉淀的硫酸钡等，起填充作用并能提高原子灰的弹性、抗裂性、硬度以及施工性能等。着色颜料以黄、白两色为主，主要是为了降低鲜艳度，提高面漆层的遮盖能力。

原子灰多为双组分产品，需要加入固化剂后方能干燥固化，以提高硬度和缩短干燥时间。聚酯树脂型原子灰多用过氧化物作为固化剂，环氧树脂型原子灰多用胺类作为固化剂。

二、汽车常用原子灰

原子灰的种类很多，车身常用原子灰有普通原子灰、合金原子灰、纤维原子灰、塑料原子灰和幼滑原子灰等。

1. 普通原子灰

普通原子灰（见图 4-2）多为聚酯树脂型、膏体细腻、操作方便、填充能力强，适用于大多数底材，但刮涂不宜过厚。普通型原子灰不适用于镀锌板、不锈钢板、铝板和经磷化处理的裸金属表面，但在这些金属表面喷涂一层隔绝底漆（通常为环氧基）后可以正常使用。

图 4-2　普通原子灰

2. 合金原子灰

合金原子灰也称金属原子灰（如图 4-3 所示），比普通原子灰性能更加良好，除可用于普通原子灰所用的一切场合外，还可以直接用于镀锌板、不锈钢板和铝板等裸金属而不必首先施涂隔绝底漆，但不适用于经磷化处理的裸金属表面。合金原子灰因其性能卓越、使用方便，所以应用也很广泛，但价格要高于普通

图4-3　合金原子灰

原子灰。

3. 纤维原子灰

纤维原子灰（见图4-4）的填充材料中含有纤维物质，干燥后质轻，附着能力和硬度很高，因此能够一次刮涂得很厚，可以直接填充直径小于50mm的孔洞而无需钣金修复，对孔洞的隔绝防腐能力也很强，对比较深的金属凹陷部位的填补效果非常好，但表面呈现多孔状，需要用普通原子灰做填平工作。

4. 塑料原子灰

塑料原子灰（见图4-5）专用于柔软的塑料制品的填补工作。调和后呈膏状，可以刮涂也可以刷涂，干燥后像软塑料一样，与底材附着良好。干后质地柔软，打磨性很好，可以机器干磨也可以用水磨，常用于塑料件的修复。

图4-4　纤维原子灰

图4-5　塑料原子灰

5. 幼滑原子灰

图4-6　幼滑原子灰

幼滑原子灰（见图4-6）是一种快干原子灰，也称填眼灰，有双组分的也有单组分的，以单组分产品较为常见。填眼灰的膏体极其细腻，一般在打磨完中间涂层后，喷涂面漆之前使用，主要用于填补极其微小的凹坑、砂眼，提高面漆的装饰性。但其填补能力比较差，且不耐溶剂，易被面漆中的溶剂咬起，不能作为大面积刮涂使用。

幼滑原子灰干燥时间很短（几分钟），干后较软易于打磨，用在填补小凹坑非常适合，是涂装必备的用品。

三、原子灰的选用

汽车修补涂装中使用的原子灰有自干型、烘干型及双组分型。在选用原子灰时，应结合具体的施工对象(如损坏的程度、涂装质量和底材)、原子灰的性能和工艺特性灵活选用，特别要注意的是与底漆、面漆的配套性。

汽车常用原子灰的性能及用途见表4-1；各种原子灰的工艺特性见表4-2。

表4-1　汽车常用原子灰的性能用途

品种	类型	特性	用途
硝基原子灰	快干型	干燥速度快，附着力强，易打磨。但因其固体分含量低，干燥后收缩较大	常用于客车、轿车修补时填补沙眼、孔隙或喷涂一层面漆后填平沙痕等
醇酸原子灰	常温自干型	原子灰膜坚硬，耐候性好，附着力强，不易脱落和龟裂。但一次刮涂不能太厚，以免影响干燥。自干，也可烘干	适用于客车、轿车上涂覆醇酸底漆的金属表面填嵌之用
环氧自干原子灰	常温自干型	原子灰坚硬，耐潮湿性好与底漆有良好的结合力	高级轿车涂装时的配套用料
过氯乙烯原子灰	快干型	干燥速度快，打磨性、耐油性及附着力好，施工时不宜来回多次重复性刮涂	适用于以涂有的醇酸底漆或过氯乙烯底漆的金属和木制表面
聚酯原子灰	双组分固化型	硬化时间短，附着力强，不受天气影响，刮涂操作方便，干燥后收缩小，易打磨且表面光滑，能与多种底漆、面漆配套使用，但不能在酚醛底漆、醇酸底漆上刮涂，以免脱落起泡	在汽车修补中使用量最大

表4-2　车用原子灰的工艺特性

特性　＼　种类	不饱和聚酯原子灰	聚氨酯原子灰	氨基原子灰	环氧原子灰	油性原子灰	硝基原子灰
一次刮涂厚度(mm)	数毫米	<1.5	<0.3	<0.5	<0.3	<0.2
干燥缩量(%)	接近0	10~20	10~20	—	10~20	30~40
干燥形式	自干，烘干	自干	烘干	烘干	自干	自干
干燥时间(小时)	任意100℃以下	4~7	120℃ 0.5	120℃ 0.5~1	6~8	1~2

续表

种类 特性	不饱和聚酯原子灰	聚氨酯原子灰	氨基原子灰	环氧原子灰	油性原子灰	硝基原子灰
打磨的难易度	稍难	稍难	稍易	难	稍难	难
对钢铁的附着力	略好	好	略好	好	稍差	差
耐水性	良好	良好	稍好	好	差	稍差
耐热性	中	中	大	大	大	中
耐久性	大	大	中	中	小	小
机械强度	大	大	中	大	小	小

四、参考习题

(一)车用原子灰的作用与组成

(1)原子灰的作用

原子灰是＿＿＿＿＿＿＿＿＿＿＿＿＿＿＿＿＿＿＿＿＿＿＿。

原子灰用来＿＿＿＿＿＿＿＿＿＿＿＿＿＿＿＿＿＿＿＿＿＿。

(2)原子灰的组成

原子灰由＿＿＿＿＿＿、＿＿＿＿＿＿、＿＿＿＿＿＿和＿＿＿＿＿＿等组成的。

环氧树脂原子灰具有良好的附着力、耐水性和防化学腐蚀性能,但涂层坚硬不易打磨,由于其附着力优良,可以刮涂得较厚而不脱落、开裂,多用于＿＿＿＿＿＿或＿＿＿＿＿＿表面。

聚酯树脂原子灰也有着优良的附着力、耐水性和防化学腐蚀性能,而且干后软硬适中,容易打磨,经打磨后表面光滑圆润,适用于很多底材表面(但不能用于经＿＿＿＿＿＿的裸金属表面),经多次刮涂后,膜厚可达20mm以上而不开裂、脱落,所以是应用最为广泛的一种,现在常见的原子灰基本都是＿＿＿＿＿＿原子灰。

原子灰多为＿＿＿＿＿＿产品,需要加入＿＿＿＿＿＿后方能干燥固化,以提高硬度和缩短干燥时间。

(二)汽车常用原子灰

车身常用原子灰有＿＿＿＿＿＿、＿＿＿＿＿＿、＿＿＿＿＿＿、和＿＿＿＿＿＿等。

1. 普通原子灰

普通原子灰多为＿＿＿＿＿＿＿型，特点是：＿＿＿＿＿＿＿、＿＿＿＿＿＿＿、＿＿＿＿＿＿＿、适用于＿＿＿＿＿＿＿底材，但刮涂不宜过厚。

普通型原子灰不适用于＿＿＿＿＿＿＿、＿＿＿＿＿＿＿、＿＿＿＿＿＿＿和经＿＿＿＿＿＿＿处理的裸金属表面，但在这些金属表面喷涂一层隔绝（通常为环氧基）后可以正常使用。

2. 合金原子灰

合金原子灰也称金属原子灰，比普通原子灰性能更加良好，除可用于普通原子灰所用的一切场合外，还可以直接用于＿＿＿＿＿＿＿、＿＿＿＿＿＿＿和＿＿＿＿＿＿＿磷化处理的裸金属表面。

3. 纤维原子灰

纤维原子灰的填充材料中含有＿＿＿＿＿＿＿物质，干燥后＿＿＿＿＿＿＿、＿＿＿＿＿＿＿和＿＿＿＿＿＿＿很高，因此能够一次刮涂得很＿＿＿＿＿＿＿，可以直接填充直径小于 50mm 的＿＿＿＿＿＿＿而无须钣金修复，对孔洞的隔绝防腐能力也很强，对比较深的金属凹陷部位的填补效果非常好，但表面呈现多孔状，需要用＿＿＿＿＿＿＿做填平工作。

4. 塑料原子灰

塑料原子灰专用于柔软的塑料制品的填补工作。调和后呈膏状，可以刮涂也可以刷涂，干燥后像软塑料一样，与底材附着良好。干后＿＿＿＿＿＿＿，常用于＿＿＿＿＿＿＿的修复。

5. 幼滑原子灰

幼滑原子灰是一种快干原子灰，也称＿＿＿＿＿＿＿，有双组分的也有单组份的，以单组分产品较为常见。填眼灰的膏体极其细腻，一般在打磨完中间涂层后，喷涂面漆之前使用，主要用于填补极其微小的＿＿＿＿＿＿＿、＿＿＿＿＿＿＿，提高面漆的装饰性。但其＿＿＿＿＿＿＿比较差，且＿＿＿＿＿＿＿，易被面漆中的溶剂＿＿＿＿＿＿＿，不能作为大面积刮涂使用。

（三）原子灰的选用

汽车修补涂装中使用的原子灰有自干型、烘干型及双组分型。在选用原子灰时，应结合具体的施工对象（如损坏的程度、涂装质量和底材）、原子灰的性能和工艺特性灵活选用，特别要注意的是与底漆、面漆的配套性。

汽车常用原子灰的性能及用途见表4-3。

表 4-3 汽车常用原子灰的性能用途

品　　种	类　型	特　　性	用　　途
硝基原子灰			
醇酸原子灰			
环氧自干原子灰			
过氯乙烯原子灰			
聚酯原子灰			

（四）原子灰调配方法

（1）＿＿＿＿＿＿＿＿＿＿＿＿＿＿＿＿＿＿＿＿＿＿＿＿＿＿＿＿＿；

（2）＿＿＿＿＿＿＿＿＿＿＿＿＿＿＿＿＿＿＿＿＿＿＿＿＿＿＿＿＿；

（3）＿＿＿＿＿＿＿＿＿＿＿＿＿＿＿＿＿＿＿＿＿＿＿＿＿＿＿＿＿；

（4）＿＿＿＿＿＿＿＿＿＿＿＿＿＿＿＿＿＿＿＿＿＿＿＿＿＿＿＿＿；

（5）＿＿＿＿＿＿＿＿＿＿＿＿＿＿＿＿＿＿＿＿＿＿＿＿＿＿＿＿＿。

五、决策

1. 进行学员分组，在教师的指导下，探讨练习原子灰的选用与调制。

2. 各小组选出一名负责人，负责人对小组任务进行分配。组员按负责人要求完成相关任务内容，并将自己所在小组及个人任务内容填入表 4-4 中。

表 4-4 小组任务

序号	小组任务	个人职责（任务）	负责人

六、制订计划

根据任务内容制订小组任务计划，简要说明原子灰的选用与调制方法，并将操作步骤填入表 4-5 和表 4-6 中。

表 4-5 原子灰的选用

序号	原子灰的选用	选用理由	注意事项
1			
2			
3			
4			
5			

表4-6　原子灰的调制方法

序号	操作步骤	操作内容	注意事项
1			
2			
3			
4			

七、实施

1. 实践准备

实践准备见表4-7。

表4-7　实践准备

场地准备	硬件准备	资料准备	素材准备
4工位涂装实训室、对应数量的课桌椅、黑板一块	各种原子灰和调配工具4套	安全操作规程手册和PPG原子灰使用说明	PPG原子灰操作调配视频

2. 原子灰的调配，并完成项目单填写，见表4-8。

表4-8　原子灰的调配

操作内容	使用的设备和工具	操作方法	注意事项

八、检查

在完成原子灰调配后，请将调配的结果填写在表4-9中。

表4-9

检查过程：

检查结果：

九、评估与应用

思考：写出如何进行板件的原子灰选用？原子灰调配的注意事项有哪些？填写表4-10。

表4-10　评估与应用

记录：

学习任务二　原子灰的刮涂与打磨

　　一轿车车门因路边飞石击伤，表面出现较大面积的凹陷，涂膜破损，如图4-7所示。涂装人员已经进行了底材处理和底涂层的涂装，现在需要进行原子灰的刮涂，以填补凹坑。原子灰的刮涂方法和技巧有哪些，要恢复该车门的表面质量，具体的操作又是怎样进行？

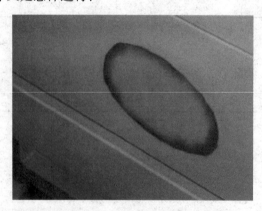

图4-7　待刮涂原子灰的车门

【学习目标】

1. 熟悉原子灰刮涂、打磨所需要的工具和材料。
2. 掌握原子灰刮涂、干燥和打磨的操作方法。
3. 能熟练进行原子灰的刮涂与打磨操作。

【学习内容】

必须掌握原子灰刮涂、打磨的工具和材料的使用方法，练习原子灰刮涂和打磨的方法和技巧。

一、原子灰的刮涂与打磨所需要的工具、材料

（一）原子灰的刮涂与打磨工具

常用的原子灰刮涂工具有刮板、混合板、铲刀、调拌原子灰盒和原子灰托板等，原子灰刮涂工具如图4-8所示。刮板有橡胶刮板和钢片刮板，钢片刮板由木柄和刀板组成，刀板要求刃口平直。橡胶刮板采用耐油、耐溶剂的橡胶板制成，外形尺寸和形状根据需要确定。橡胶刮板有很好的弹性，适用于刮涂形状复杂的表面，尤其是圆角、沟槽等处特别适用。

铲刀　　　　　　　调拌原子灰盒

图4-8　常用刮涂工具

原子灰打磨工具分为手工打磨工具和机械打磨工具。手工打磨工具与砂纸配套使用，主要的打磨工具有手刨和打磨垫块，常用的手工打磨工具如图4-9所示。

机械打磨工具可以利用电力驱动，也可以利用压缩空气驱动。由于喷漆间内有易燃物品，要尽量减少电动工具的使用，所以主要采用压缩空气驱动的气

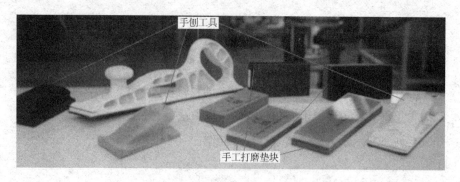

手刨工具

手工打磨垫块

图4-9　手工打磨工具

动打磨机。气动打磨机有单作用打磨机、轨道式打磨机、双作用打磨机等，气动打磨机如图4-10所示，气动打磨机与吸尘器配套使用。

(a)单作用打磨机

(b)轨道式打磨机

(c)双作用打磨机

图4-10　气动打磨机

（二）车身常用打磨材料

车身常用的打磨材料有砂纸和合成纤维毡垫（俗称菜瓜布）。砂纸是采用粘结剂把磨料颗粒粘接在纸表面上而制成的。砂纸的粗、细是由磨料颗粒的大、小决定的，用粒度编号表示。粒度越小，砂纸越细。表4-11为砂纸的编号及适用范围。合成纤维毡垫具有挠性，所以非常适合于打磨外形比较复杂的、不易触及的工件表面。在汽车修补涂装中经常用到是红色和绿色两种，其中红色合成纤维毡垫相当于1000～1200号的砂纸，绿色合成纤维毡垫相当于1500号砂纸。

表4-11　砂纸的编号及适用范围

砂纸编号	60#　80#	120#　180#　240#	320#　600#	1000#　1200#　1500#　2000#
适用范围	清除涂料	磨缘和打磨原子灰	打磨中涂底漆和涂膜	在施涂面漆以后的表面上清除颗粒或消除打磨痕迹

二、原子灰的刮涂、干燥与打磨方法

（一）原子灰的刮涂方法

1. 原子灰刮涂前的准备工作

（1）检查原子灰的覆盖面积。为了确定需要准备多少原子灰，需再次估计损坏的程度。如图 4-11 所示为汽车保险杠擦伤的范围，刮涂时不能超出范围，否则会加大不必要施工面积。

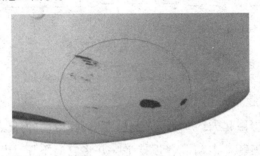

图 4-11　检查原子灰需覆盖的面积

（2）原子灰的混合。原子灰与固化剂如图 4-12 所示。将适量的原子灰基料放在混合板上。然后按规定的混合比添加一定量的固化剂，如图 4-13 所示。原子灰与固化剂一般是以 100:2～100:3 的比例混合。若固化剂过多，干燥后就会开裂；如果固化剂过少，就难以固化干燥。原子灰与固化剂混合时，固化剂的容许量有一定范围，可以随气温的变化以适当调整，具体数值应以产品说明书为准。

　原子灰　　　　　固化剂

图 4-12　原子灰与固化剂　　　　　图 4-13　添加固化剂

原子灰的混合步骤（如图 4-14 所示）如下：

步骤 1：用刮刀的尖端舀起固化剂，将其均匀散布在原子灰基料的整个表面上。

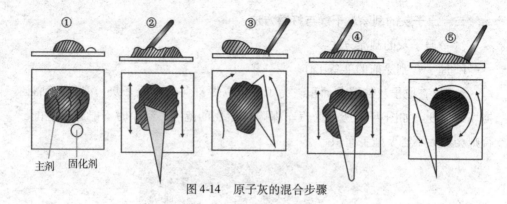

主剂　固化剂

图 4-14　原子灰的混合步骤

步骤 2：抓住刮刀，轻轻提起其端头，再将它压入原子灰下面，然后将它向混合板的左侧提起。

步骤 3：在刮刀舀起大约 1/3 原子灰后，以刮刀右边为支点，将刮刀翻转。

步骤 4：将刮刀基本上与混合板持平，并将它向下压。将刮刀在混合板上刮削，刮刀上不能留有原子灰。

步骤 5：拿住刮刀，稍稍提起其端头，并且将上述中的在混合板上混合的原子灰全部舀起。

步骤 6：将原子灰翻身，翻的方向与步骤 3 相反。

步骤 7：与步骤 4 相同，将刮刀基本上与混合板持平，并将它向下压，从步骤 2 重复。

步骤 8：在进行步骤 2 到步骤 7 时，原子灰往往向上朝混合板的顶部移动。在原子灰延展至混合板的边缘时，舀起全部原子灰，并且将它向混合板的底部翻转。重复步骤 2 到步骤 7，直到原子灰充分混合。

混合好的原子灰有可用时间的限制（所谓可用时间是指主剂和固化剂混合后，保持不硬化，能进行刮涂的时间），通常在 20℃ 条件下，可以保持 5 分钟左右。因此应根据混合所需时间和刮涂所需时间，决定一次混合的量。如果总是混合不好或反复长时间混合，留给涂刮的时间过短，就会使其固化而不能使用，因此混合的关键是速度要快，动作要熟练。

2. 原子灰刮涂的一般知识

对裸露的底材，经底材处理和喷涂底漆后，即可进行刮涂原子灰的操作；对于涂膜破损的修补，一般经过底材处理后，可以直接刮原子灰，如图 4-15 所示；对于非常平整的板件，喷完底漆后，即可进行面漆的涂装。刮涂原子灰的目的就是填平底漆无法填补的凹凸面，从而获得与表层漆光滑的结合面，如图

4-16 所示。原子灰施工的厚度一般为 2～3mm，不可过厚。

图 4-15　在破损涂膜上直接刮涂原子灰

图 4-16　原子灰与漆层光滑的结合面

（1）原子灰的刮涂方法。

原子灰的刮涂有以下几种方法：

①填刮。刮涂时主要依靠刮具上部有弹力的部位与手配合操作，目的是利用较稠的原子灰分多次把工件表面凹陷填平，填坑刮涂的操作方法如图 4-17 所示。

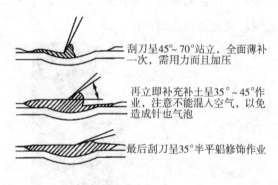

　　　　　刮刀呈45°～70°站立，全面薄补一次，需用力而且加压

　　　　　再立即补充补土呈35°～45°作业，注意不能混入空气，以免造成针也气泡

　　　　　最后刮刀呈35°半平躯修饰作业

图 4-17　填坑刮涂的操作技法

②靠刮。刮涂时，主要依靠硬刮具的刃口以刮涂区外的表面为导向刮涂较浅、较小的凹陷，刮涂的原子灰层较薄且光滑，如图 4-18 所示。靠刮所用的原子灰稠度稍低，一般用于最后一、二道的刮涂或用于平滑表面的刮涂。

③先上后刮。先将原子灰逐一填满或刮平，然后再用刮具将其收刮平整。此种刮涂方法一般用于较大面积的刮涂。

④上带刮。边上原子灰边将其刮平。一般用于对较浅、面积较小或形状较复杂部位的刮涂。

⑤软上硬收。先用软刮具把原子灰刮涂在垂直表面上，再用硬刮具将原子

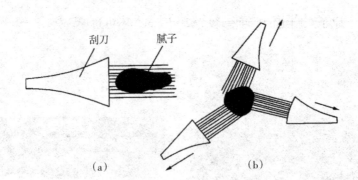

图 4-18 刮板的运动方向

灰层收刮平整，这样原子灰不易掉落。

⑥硬上硬收。上原子灰和收刮原子灰都采用硬刮具，主要用于既有平面又有曲面的构件表面。

⑦软上软收。上原子灰和收刮原子灰均采用软刮具，以便于按照构件的表面形状刮出曲面，主要用于刮涂单纯的曲面构件。

（2）不同工作面原子灰的刮涂技巧

原子灰混合结束后，用刮刀刮涂，如图 4-19 所示。原子灰的刮涂要领是仔细地刮出平面，同时尽量避免气孔的产生。

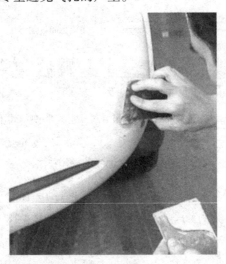

图 4-19 刮原子灰

局部修补时原子灰的刮涂方法如图 4-20 所示。

大面积刮原子灰时，使用宽刮刀比较方便。比如车顶、发动机罩、行李箱罩、车门等，使用宽的橡皮刮板，可以提高刮涂速度。另外，曲面刮涂应使用

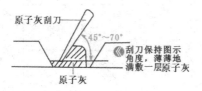

第一步：先将原子灰往金属表面上薄薄地涂抹一层，刮刀上要加一定的力，以提高原子灰与金属表面的附着力

第二步：逐渐用原子灰填满凹坑，刮涂时刮刀的倾斜角度，随作业者的习惯而存在差异，通常以35°~45°为好

第三步：用刮刀轻轻刮平修补表面

图 4-20   局部修补时原子灰的刮涂方法

橡胶刮刀。曲面刮刀的使用方法如图 4-21 所示。根据被刮涂面的形状，使用弹性不同的刮刀，如 4-22 所示，可以促使作业合理化。

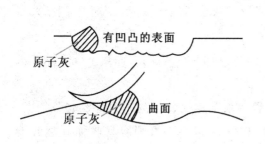

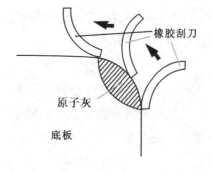

图 4-21   带曲面的刮刀使用方法

图 4-22   根据刮涂面的形状选用不同弹性的刮刀

对于冲压形成按一定角度交接的两个面，若需要在冲压线部位刮原子灰，其刮涂方法如图 4-23 所示。沿交接线贴上胶带遮盖住冲压线的一侧，刮好另一侧的原子灰；待原子灰干了，揭下胶带，再在已刮好的一侧贴上胶带遮盖，接着刮涂好余下的一侧。如此进行，修补后的冲压线清爽如初。

注意：一定要掌握好揭去胶带的时机，过早则会带下大量原子灰；过晚则原子灰已经干透，胶带难以揭下，即使强行揭下，可能破坏刮好的原子灰。

（3）原子灰刮涂注意事项

①刮涂前被涂装表面必须干透，以防产生气泡或龟裂，若被涂装表面过于光滑，可先用砂纸打磨，以使底面具有良好的附着性能。

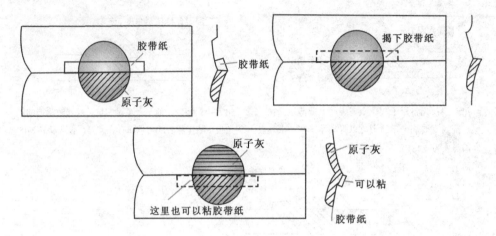

图 4-23　冲压线部位的原子灰修补

②原子灰刮涂应在一两个来回中刮平，手法要快要稳，且不可来回拖拉。拖拉刮涂次数太多，原子灰易于拖毛，表面不平不亮，还会将原子灰里的涂料挤到表面，造成表干内不干，影响性能。

③板件洞眼缝隙之处要用刮刀尖将原子灰挤压填满，但一次不宜刮涂太多太厚，防止干不透。

④刮涂时，四周的残余原子灰要及时收刮干净，否则表面留下残余原子灰块粒，干燥后会增加打磨的工作量。

⑤如果需刮涂的原子灰层较厚，要多层刮涂时，每刮一道都要充分干燥，每道原子灰不宜过厚，一般要控制在 0.5mm 以下，否则容易收缩开裂或干不透。

⑥原子灰刮涂工具用完后，要清洗干净再保存。

⑦夏季天气炎热，温度较高，原子灰容易干燥，成品原子灰可用稀料盖在上面，冬季放在暖处，以防结冻，用时可加些清漆和溶剂，但不宜存放太久。

⑧原子灰不能长期存放于敞口的容器中，以免胶黏剂变质，溶剂挥发，造成粘挂不住，出现脱落或不易涂刮等问题。

（二）原子灰的干燥方法

新施涂的原子灰会由于其自身的反应而产生热量，从而加速固化反应。一般在施涂以后 20 分钟 ~30 分钟即可打磨。但在气温低而湿度高情况下，原子灰的内部反应速度降低，要较长的时间才能使原子灰固化。为了加快固化，可以采用外部加热的方法，现实生产中使用红外线烤灯或干燥机加热，如图 4-24 所示。

在使用红外线烤灯或干燥机来加热和干燥原子灰时，一定要使原子灰的表面温度控制在50℃以下，以防止原子灰分离或龟裂。如果表面热得不能触摸，则说明温度太高了。

图 4-24 原子灰的干燥

（三）原子灰的打磨方法

原子灰完全干燥之后，一般采用干式或湿式打磨法打磨，使涂层平整并为下一涂层提供良好附着力。原子灰打磨作业方法有打磨机磨平、用软木或硬橡胶垫块辅助磨平和手工磨平3种。

打磨机磨平。打磨机磨平适用于平坦或柔和弯曲的部位，特别是大片平面的打磨。打磨时，将打磨机轻压在原子灰层表面，左右轻轻移动打磨机。打磨时应注意，打磨头的工作面应保持与原子灰表面平行，如图4-25所示，打磨时不能施力过大，应将打磨机轻轻压住，靠旋转力进行打磨。若施力过大，就不能形成平整表面。打磨机的移动方向如图4-26所示。

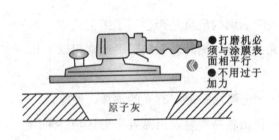

图 4-25 打磨机打磨原子灰

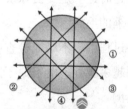

先沿①所示方向左右运动；随后沿②和③斜向运动；然后沿④上下运动，这样可以基本消除变形。如果最后再沿①左右运动一次，消除变形效果更好。

图 4-26 打磨机的移动方向

用软木或硬橡胶垫块辅助磨平。用软木或硬橡胶垫块做助力工具，把砂纸包裹在软木或硬橡胶垫块外面的手工打磨，适用于平面区域较大的表面磨平。这种方法能提高打磨的效率及表面的平整度。

手工磨平。手工磨平适用于有拐角和外形复杂的表面，打磨时不仅是手指尖的动作，手腕也需保持正确的动作，手的位置使手指与打磨的方向成一个角度，以防出现"指状磨痕"。顺着车体外形进行短促、平行的打磨，压力不可过重，以免砂纸黏滞而不耐用，并形成过深的擦痕和指状痕迹。用手工打磨修整（见图4-27），可以彻底清除细小的凹凸不平。手工打磨所用砂纸粒度为150# ~

180#。气动打磨机不可能完全消除变形，手工修整是必不可少的环节。

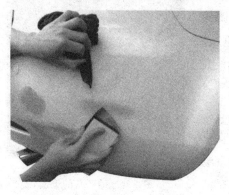

原子灰干燥后的打磨以干磨为好，因为干燥后的原子灰涂层是一种多孔组织。如果采用水磨法，原子灰涂层会吸收大量的水分而很难蒸发掉，对以后的涂装工作带来很多困难。干磨作业应注意下列几点：

①估计需要刮几次粗灰才能填平的，前几次打磨可选用较小号水砂纸（号数越小，砂粒越粗）。粗磨，最后

图 4-27　手工打磨修整

一道粗灰选用较大号水砂纸精磨。

②细灰干燥后，必须选用大号水砂纸精磨。

③腻子与原有漆层接合处要磨出羽状边。先从原有漆层向腻子方向磨，待磨到羽状模样稍微显现时再交叉全方位研磨。需磨出 20～30mm 宽的羽状边。打磨羽状边时，一定要去除前一道工序留下的砂痕，才能避免涂面漆后产生接合边缘收缩的毛病。

打磨过程中应不断地检查打磨后被涂表面的质量是否达到了工艺要求，并不是磨得越多越好。由于原子灰层无光，很难目测其表面缺陷，通常用以下几种方法检测。

①显影层法。在磨平、清洁过的涂面上喷涂一薄层有光的面漆，使涂面的凹洼、打磨痕迹、孔洞等显现出来，检视出较易并显现出需补平的区域。采用 9 份溶剂与 1 份漆混合，调成显影涂料，选用明显的对比色，但需避免用红或黄色，因为这些颜色可能会渗入后面的喷漆涂层。

②水膜法。在湿打磨时借助水洗时的水膜，来检视涂面的整平质量。湿打磨后水洗时，在涂面上泼水，借助涂面的水膜来显现涂面的缺陷。

③手摸法。用手摸涂面应平顺、光滑，指尖也无法感觉出粗糙和不平。尤其是接口边缘，由被涂面向牢固漆面的逐渐变化处应非常细腻和平顺。

打磨结束后，若发现气孔和小伤痕，应马上修补，气孔和伤痕的修补方法如图 4-28 所示，否则，会带来很多麻烦。因此尽可能在该工序使表面平整，消除引起缺陷的原因。

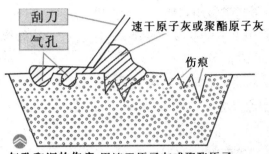

气孔和深的伤痕,用速干原子灰或聚酯原子灰来填补，用刮刀将原子灰用力挤满空隙

图 4-28　气孔和伤痕的修补

三、参考习题

(一)原子灰的刮涂与打磨所需要的工具、材料

1. 原子灰的刮涂与打磨工具

常用的原子灰刮涂工具有_____、_____、_____、_____、和_____等。刮板有_____和_____，_____和_____根据需要确定。

_____有很好的弹性，适用于刮涂形状复杂的表面，尤其是圆角、沟槽等处特别适用。

原子灰打磨工具分为_____打磨工具和_____打磨工具。

手工打磨工具与砂纸配套使用，主要的打磨工具有_____和_____。

机械打磨工具可以利用_____驱动，也可以利用_____驱动。由于喷漆间内有易燃物品，要尽量减少电动工具的使用，所以主要采用_____打磨机。气动打磨机有_____、_____、_____等，气动打磨机与吸尘器配套使用。

2. 车身常用打磨材料

车身常用的打磨材料有_____和_____(俗称菜瓜布)。

砂纸是采用粘结剂把_____粘结在纸表面上而制成的。砂纸的粗、细是由磨料颗粒的大、小决定的，用粒度编号表示。粒度越小，砂纸越细。表 4-12 为砂纸的编号及适用范围。合成纤维毡垫具有挠性，所以非常适合于打磨_____。

表 4-12　砂纸的编号及适用范围

砂纸编号	60#　80#	120#　180#　240#	320#　600#	1000#　1200#　1500#　2000#
适用范围				

在汽车修补涂装中经常用到是_____和_____两种，其中_____合成纤维毡垫相当于 1000～1200 号的砂纸，_____合成纤维毡垫相当于 1500 号砂纸。

(二)原子灰的刮涂、干燥与打磨方法

1. 原子灰的刮涂方法

(1)原子灰刮涂前的准备工作

检查原子灰的覆盖面积，目的是：

_____。

原子灰的混合。将适量的原子灰基料放在混合板上。然后按规定的混合比添加一定量的固化剂，原子灰与固化剂一般是以 100∶2～100∶3 的比例混合。若固化剂过多，干燥后就会_____；如果固化剂过少，就_____。原子灰与固化剂混合时，固化剂的容许量有一定范围，可以随_____的变化以适当调整，具体数值应以产品说明书为准。

原子灰的混合步骤如下：

步骤 1：用刮刀的_____舀起固化剂，将其均匀散布在原子灰基料的整个表面上。

步骤 2：抓住刮刀，轻轻提起其端头，再将它压入原子灰下面，然后将它向混合板_____提起。

步骤 3：在刮刀舀起大约 1/3 原子灰后，以刮刀右边_____为支点，将刮刀翻转。

步骤 4：将刮刀基本上与混合板持平，并将它向下压。将刮刀在混合板上刮削，刮刀上不能留有_____。

步骤 5：拿住刮刀，稍稍提起其端头，并且将上述中的在混合板上混合的原子灰全部舀起。

步骤 6：将原子灰翻身，翻的方向与步骤 3 相反。

步骤 7：与步骤 4 相同，将刮刀基本上与混合板持平，并将它向下压，从步骤 2 重复。

步骤 8：在进行步骤 2 到步骤 7 时，原子灰往往向上朝混合板的顶部移动。在原子灰延展至混合板的边缘时，舀起全部原子灰，并且将它向混合板的底部翻转。重复步骤 2 到步骤 7，直到原子灰充分混合。

混合好的原子灰有可用时间的限制(所谓可用时间是指主剂和固化剂混合后，保持不硬化，能进行刮涂的时间)，通常在 20℃条件下，可以保持_____

__左右。因此应根据混合所需时间和刮涂所需时间，决定一次混合的量。如果总是混合不好或反复长时间混合，留给涂刮的时间过短，就会使其固化而不能使用，因此混合的关键是速度_____，动作要_____。

（2）原子灰刮涂的一般知识

对裸露的底材，经_____和_____后，即可进行刮涂原子灰的操作；对于涂膜破损的修补，一般经过_____后，可以直接刮原子灰；对于非常平整的板件，喷完底漆后，即可进行_____的涂装。刮涂原子灰的目的就是填平底漆无法填补的_____，从而获得与表层漆光滑的结合面。原子灰施工的厚度一般为_____mm，不可过厚。

①原子灰的刮涂方法。

原子灰的刮涂有以下几种方法：

填刮。刮涂时主要依靠_____。目的是_____。

靠刮。刮涂方法是_____。靠刮所用的原子灰稠度稍低，一般用于_____或_____
_____。

先上后刮。先将原子灰逐一填满或刮平，然后再用刮具将其收刮平整。此种刮涂方法一般用于_____的刮涂。

上带刮。边上原子灰边将其刮平。一般用于对_____、_____或_____刮涂。

软上硬收。先用软刮具把原子灰刮涂在垂直表面上，再用硬刮具将原子灰层收刮平整，这样原子灰不易掉落，适合_____刮涂。

硬上硬收。上原子灰和收刮原子灰都采用硬刮具，主要用于_____
_____表面。

软上软收。上原子灰和收刮原子灰均采用软刮具，以便于按照构件的表面形状刮出曲面，主要用于刮涂_____。

②不同工作面原子灰的刮涂技巧。原子灰混合结束后，用刮刀刮涂。原子灰的刮涂要领是仔细地刮出平面，同时尽量避免气孔的产生。

局部修补时原子灰的刮涂方法：

大面积刮原子灰时，使用宽刮刀比较方便。比如_____、_____
___、_____、_____等，使用宽的橡皮刮板，可以提高刮涂速度。另外_____刮涂，应使用橡胶刮刀。根据被刮涂面的形状，使用弹性不同的刮刀，可以促使作业合理化。

对于冲压形成按一定角度交接的两个面，若需要在冲压线部位刮原子灰，其刮涂方法：_____

_____

_____

_____

_____

_____

_____。

③原子灰刮涂注意事项

a. _____

_____

b. _____

_____

c. _____

_____

d. _____

_____

e. _____

_____

f. _____

_____

g. _____

_____

h. _____

_____

2. 原子灰的干燥方法

新施涂的原子灰会由于其自身的反应而产生热量，从而加速固化反应。一般在施涂以后_____即可打磨。但在气温低而湿度高情况下，原子灰的内部反应速度降低，要较长的时间才能使原子灰固化。为了加快固化，可以采用外部加热的方法，现实生产中使用_____或_____加热。一定要使原子灰的表面温度控制在_____以下，以防止原子灰分离或龟裂。如果表面热得_____，则说明温度太高了。

3. 原子灰的打磨方法

原子灰完全干燥之后，一般采用_____或_____打磨法打磨，使涂层平整并为下一涂层提供良好附着力。原子灰打磨作业方法有_____磨平、用_____或_____辅助磨平和_____磨平3种。

打磨机磨平。打磨机磨平适用于_____或_____的部位，特别是_____平面的打磨。

打磨时，将打磨机轻压在原子灰层表面，左右轻轻移动打磨机。打磨时应注意，打磨头的工作面应保持与原子灰表面_____，打磨时不能施力过大，应将打磨机轻轻压住，靠旋转力进行打磨。若施力过大，就不能形成平整表面。

用软木或硬橡胶垫块辅助磨平。用软木或硬橡胶垫块做助力工具，把砂纸_____在软木或硬橡胶垫块外面的手工打磨，适用于平面区域较大的表面磨平。这种方法能提高打磨的效率及表面的平整度。

手工磨平。手工磨平适用于有_____和_____的表面，打磨时不仅是_____的动作，_____也需保持正确的动作，手的位置使手指与打磨的方向成一角度，以防出现"指状磨痕"。顺着车体外形进行短促、平行的打磨，压力不可过重，以免砂纸黏滞而不耐用，并形成过深的擦痕和指状痕迹。用手工打磨修整，可以彻底清除细小的凹凸不平。手工打磨所用砂纸粒度为150# ~ 180#。气动打磨机不可能完全消除_____，手工修整是必不可少的环节。

原子灰干燥后的打磨以_____为好，因为干燥后的原子灰涂层是一种多孔组织。如果采用水磨法，原子灰涂层会吸收大量的水分而很难蒸发掉，对以后的涂装工作带来很多困难。干磨作业应注意下列几点。

① _____

_____

_____。

② _____。

③ _____

_____

_____。

打磨过程中应不断地检查打磨后被涂表面的质量是否达到了工艺要求，并不是磨得越多越好。由于原子灰层无光，很难目测其表面缺陷，通常用以下几种方法检测。

①显影层法。_____

_____

_____。

②水膜法。_____

_____

_____。

③手摸法。_____

_____

_____。

打磨结束后，若发现气孔和小伤痕，应马上修补，否则，会带来很多麻烦。因此尽可能在该工序使表面平整，消除引起缺陷的原因。

针对车门表面刮涂的施工步骤是：_____ → _____ → _____ →_____ 。

（三）原子灰刮涂施工流程

1. 原子灰刮涂前的准备

（1）确定车门上所需要刮涂的面积

对施涂原子灰的区域进行评估，如图 4-29 所示。一般情况下，施涂原子灰的面积是从裸金属圆口向外扩展大约_____mm，如图 4-30 所示。注意：施涂原子灰时应避免超出磨缘时的受损范围。

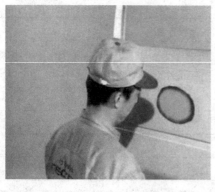

图 4-29　对原子灰施涂区域进行评估

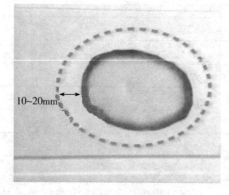

10~20mm

图 4-30　气孔和伤痕的修补

（2）原子灰的混合

将适量的原子灰基料放在混合板上，按照当时的温度_____的比例添加固化，如图4-31所示，用刮板进行充分的混合。注意：为了增加原子灰的可用时间，原子灰的混合要在大约30s的时间内完成，如图4-32所示。

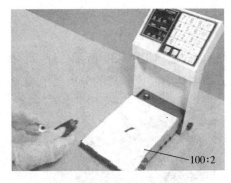

图4-31　添加固化剂

图4-32　混合原子灰

2. 原子灰的施涂

（1）原子灰刮涂

第一次原子灰施涂（刮涂）。将刮刀拿得几乎垂直，将原子灰刮在车门受损区域，施涂_____，以保证原子灰渗入最小的划痕和针孔，增大附着力，如图4-33所示。

（2）原子灰的压涂

第二次、第三次原子灰的施涂（压涂）。将刮刀倾斜_____，原子灰的施涂量要略多于需要的量，如图4-34所示。在每一次施涂以后，都要逐步扩大原子灰的施涂面积。施涂边缘要求很薄，形成斜坡，不要产生厚边。

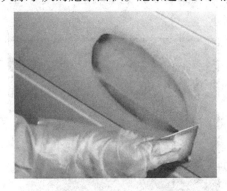

图4-33　第一次施涂

图4-34　第二、第三次施涂

（3）原子灰刮涂区域的修整

稍微倾斜刮板角度，按照与原先相反的方向移动刮板；在原子灰和涂层表面的_____刮擦刮板,以形成光滑平坦的表面,如图 4-35 所示。注意:如果在施涂原子灰过程中花费得时间太多,原子灰有可能在未施涂完毕就已固化,这时只能从头再来一次。一般来说,原子灰施涂必须在混合后大约 3 分钟内完成。

对于凹坑比较大工作面,往往需要通过原子灰多次的刮涂与打磨才能达到表面质量要求。

3. 原子灰涂层的干燥

为了提高施工进度,此处采用红外线烤灯加热,如图 4-36 所示。注意:原子灰表面温度要控制在_____以下,否则会引起原子灰的分离或龟裂。

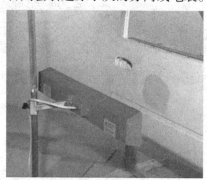

图 4-35　原子灰的修整　　　　　　　　图 4-36　原子灰的干燥

4. 原子灰的打磨

(1)将一块_____筛目数的砂纸装到轨道打磨机上,并将打磨机按前后、左右、对角的方式移动,打磨原子灰表面,如图 4-37 所示。注意:为了防止在周围的涂料中产生深的划痕,要将打磨工作限制在原子灰覆盖的区域内。

(2)将一块_____筛目数的砂纸装到手工打磨垫块上,一边打磨,一边用触摸的方法检查表面,如图 4-38 所示。

图 4-37　用打磨机打磨原子灰表面　　　　图 4-38　用触摸方法检查平整度

（3）将一块＿＿＿＿＿筛目数的砂纸装到手工打磨垫块上，轻轻打磨原子灰区域边缘，以调整原子灰区域与周边的高度差，如图 4-39 所示。注意：在试图调整原子灰与周边的高度差时，可能会产生划痕。

5. 原子灰表面质量的检查与缺陷的修补

（1）表面质量的检测

在原子灰表面施涂指导层，如图 4-40 所示，然后用＿＿＿＿＿筛目数的砂纸打磨指导层，指导层未被磨去的部分即原子灰表面的划痕和砂眼缺陷。

图 4-39　调整原子灰与周边的高度差　　　图 4-40　用触摸方法检查平整度

（2）缺陷的修补

用刮板施涂原子灰填补针孔，干燥后进行整体的磨缘。

（3）清除砂纸痕迹

将一块＿＿＿＿＿筛目数的砂纸（见图 4-41）装到手工打磨垫块上，清除表面的打磨痕迹（见图 4-42）。

图 4-41　填补针孔　　　　　　　　　图 4-42　消除打磨痕迹

四、决策

1. 进行学员分组，在教师的指导下，实施原子灰刮涂操作。

2. 各小组选出一名负责人，负责人对小组任务进行分配。组员按负责人要求完成相关任务内容，并将自己所在小组及个人任务内容填入表4-13中。

表 4-13　小组任务

序号	小组任务	个人职责(任务)	负责人

五、制订计划

根据任务内容制订小组任务计划，简要说明任务实施过程的步骤及辅助工具，并将计划内容等填入表4-14中。

表 4-14　原子灰刮涂操作的计划

序号	操作步骤	操作内容	是否合格
1			
2			
3			
4			

六、实施

1. 实践准备

实践准备见表4-15。

表 4-15　实践准备

场地准备	场景准备	资料准备	素材准备
四工位的涂装实训室、对应数量的课桌椅、黑板一块	工厂场景、门板、翼子板、钣金原子灰等四工位	原子灰施工方法和规范	原子灰施工方法和规范录像

2. 实施原子灰刮涂和干燥操作，并完成表4-16的填写。

表 4-16　原子灰刮涂和干燥

操作步骤	操作方法	是否合格

七、检查

完成原子灰的刮涂和烘烤操作检查，请将检验过程及结果填写在表 4-17 中。

表 4-17　操作检查

检查过程：

检查结果：

八、评估与应用

思考：平面、凹面、凸面的原子灰刮涂方法不同和技巧。

学习情境五　中涂底漆施工

学习目标

1. 了解喷漆房、烤漆房和烘干设备的结构类型和特点。
2. 掌握喷漆房、烤漆房和烘干设备的使用和维护方法。
3. 能正确使用喷漆房、烤漆房和烘干设备进行涂装操作。

情境导入

一轿车翼子板的底漆层已经打磨完成，现在需要进行原子灰的刮涂修补，如图 5-1 所示。在刮涂原子灰前，首先必须正确选择原子灰。因此，本章的中心任务就是原子灰的正确选用。

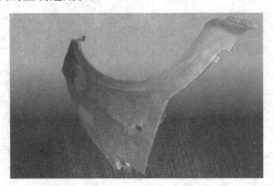

图 5-1　待刮涂原子灰的车身翼子板

学习任务一　喷漆房、烤漆房和其他烘干设备的使用

某涂装车间的烤漆房（见图 5-2）在日积月累的使用过程中，涂装人员发现烤漆房的性能很差，房内灰尘很多，喷涂工件的表面经常出现如图 5-3 所示的情形，有些时候还不如在室外的喷涂效果。对烤漆房使用不当，没有做好相关的维护工作是烤漆房出现这种情况的主要原因。本任务要求掌握喷漆房、烤漆

房和其他烘干设备的正确使用和维护。

图 5-2　某涂装车间烤漆房

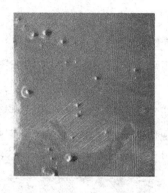

图 5-3　喷涂表面存在大量的灰尘

【学习目标】

1. 了解喷漆房、烤漆房和烘干设备的结构类型和特点。
2. 掌握喷漆房、烤漆房和烘干设备的使用和维护方法。
3. 能正确使用喷漆房、烤漆房和烘干设备进行涂装操作。

【学习内容】

熟悉喷漆房、烤漆房等设备的结构、类型和特点，掌握其使用和维护方法，然后针对具体的设备类型，进行合理的使用和正确的维护。

一、喷漆房

喷漆房为喷涂施工提供一个清洁、安全、照明良好的封闭环境，既可以防止其他工序对喷涂过程的影响，也可使喷涂过程所产生的污染物得以控制和治理。

1. 喷漆房的基本要求

（1）喷漆房内的空气必须过滤，空气的温度、湿度可以调节。

（2）喷漆房内空气应自上而下流动，流速应在 0.3～0.5m/s 范围内。保证不会产生气流死角、漆雾回落和涂膜的流平性不良。

（3）喷漆房内的照度应 800Lx 以上，照明灯具不得接触漆雾。

（4）喷漆房的排风量稳定，排风量要略小于供风量，能防止外界空气进入和漆雾外溢。

（5）喷漆房内产生的气体应在处理后排出，以免污染环境。

2. 喷漆房的结构

喷漆房主要由墙体、换气系统、过滤系统、照明装置及废气、废渣处理装置等组成，喷漆房的整体结构如图5-4所示。喷漆房有两种形式：一种是单室式的，只具有喷漆功能；另一种是双室式的，同时具有喷漆和烘干功能。风机和过滤器都设置在喷漆房外，换气系统应达到每小时全换气两次或更多次的要求。现代维修行业常用的是单室的喷－烤漆房，如图5-5所示，俗称烤漆房，即可以在其中进行喷涂施工，等涂膜闪干后，再实施烘烤工序。

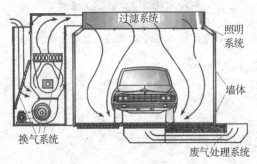

图5-4　喷漆房的整体结构

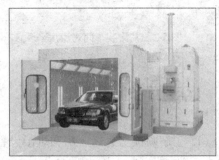

图5-5　单室喷-烤漆房

换气系统。常见的换气系统有三种形式：正向流动喷漆房、反向流动喷漆房和下向通风喷漆房。目前，喷漆房的换气系统普遍采用下向通风式，从天花板向下流动的空气在走向排气道的过程中，在汽车表面形成一道包围层，把沉积在新喷漆面的污染物和过多的漆沫清除掉，保证了喷涂作业的清洁，防止了涂料的过喷。

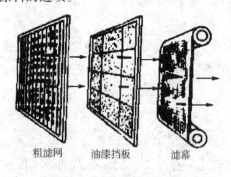

粗滤网　　油漆挡板　　滤幕

图5-6　干式过滤网的组成

空气过滤系统。空气过滤系统是喷漆房最重要的安全设施，其作用主要是将混杂在喷漆房空气中的油漆粒子和其他污染物过滤掉，使排出的气体不致污染大气。目前使用的过滤系统有两种，即湿过滤系统和干过滤系统。典型的下向通风喷漆房采用水过滤系统（湿过滤系统）。房内污浊空气经过水幕的冲洗，将油漆粒子和其他杂物带走，由排污水系统收集。干过滤系统就像一个筛子，在气流通过时，将油漆粒子和污物截住，只允许干净的气体通过。干式过滤网的结构如图5-6所示。

3. 喷漆房的正确使用和维护

喷漆房的主要功能是为喷漆工序提供良好的工艺环境。影响喷漆质量最重要的因素是周围的环境，如空气的清洁程度、温度、湿度等。一般说来，进入喷漆房的人员和物品都会带来污染。进入房内的空气则是主要的污染源。

喷漆房的正确使用和维护注意事项如下：

（1）定期清洗内部墙体、地板等表面上的灰尘、油污，做好例行保洁工作。

（2）喷漆房内不准存放零件、涂料、包装纸和衣物等，防止影响涂装质量。

（3）不要在喷漆房内进行涂装工作面的打磨、清洁及涂料调制等工序，防止打磨粉尘弥漫而影响空气质量。

（4）清洗地板时，防止水飞溅到车身上，及时对污水进行处理。

（5）定期检查、更换干式过滤系统中的滤网；湿式过滤系统中的水位应保持正常，并在水中加入添加剂。

（6）定期对喷漆房的排风扇和电动机进行维护保养。

（7）定期检查喷漆房周围的密封情况，以防灰尘进入。

（8）汽车进入喷漆房前，应清洗干净，并用压缩空气对车身上的缝隙、沟槽等不易发觉的地方进行彻底清洁。

二、烤漆房

汽车车身上有塑料件、橡胶件等非金属材料，这些材料经不起高温烘烤，所以汽车修补涂装中一般使用的是自干型或双组分型涂料。为了提高涂装效率和涂层质量，也可以采用低温烘烤，烤漆房就是最为常见的低温烘烤设备。上面提到的单室喷－烤漆房可以满足修补涂装中的低温烘烤要求，但工效低，漆雾粒子难以清除干净。在修补涂装产量大的场合，一般都独立设置一套低温烘烤室。

低温烤漆房是指被烘干件的金属底材温度在烘烤过程中不超过80℃的烘干室。低温烤漆房的作用是加快涂膜的干燥、固化，保持工作环境干净，缩短操作工序之间的等待时间，提高工作效率和工作质量。低温烤漆房按加热方式分为热空气对流干燥型（见图5-7）、红外线辐射干燥型（见图5-8）和紫外线辐射干燥型。

1. 对低温烤漆房的要求

（1）烤漆房内空气的温度应均匀、可调且温度控制准确。

（2）烤漆房的热空气对流为密闭式循环系统，单独的低温烘烤烤漆房的循环风速应不低于3.3m/min，但不能过高；喷－烤两用烤漆房的风速较低。

图 5-7　热空气对流干燥型烤漆房　　　　图 5-8　红外线辐射干燥型烤漆房

（3）为保证烤漆房内空气清洁，排出的废气污染小，供给的循环空气必须过滤，废气排出必须有相应的处理装置。

（4）低温烤漆房内必须配置防爆泄压装置。

（5）烤漆房的绝热、保温性能必须良好，保温层厚度一般要在100mm左右。

2. 低温烘干室的正确使用

（1）新喷车辆在进入烘干室前，应留有充足的晾干时间，以防烘干过程中溶剂蒸发量过大而影响安全。

（2）按照烘干规范进行操作，控制好升温的时间、保温时的温度和时间、降温的速度等。

（3）将烘干室内的风速控制在3.3m/min，避免风速过高对涂膜质量的影响。

（4）烘干过程中必须持续排出和补给10%的空气，防止溶剂蒸气积累引发爆炸。

（5）烘干室内不允许存放任何物品，特别是涂料、溶剂、稀释剂等挥发性材料。

三、其他烘烤设备

1. 红外线烤灯

红外线烤灯是一种辐射式干燥设备，用于车身涂膜的局部干燥。电加热式远红外线干燥设备以其结构简单，布置方便，污染小等优点，在汽车修补涂装中被广泛使用，如图5-9所示。

（1）高红外加热固化原理

高红外加热技术是在红外辐射光谱和被照射物吸收光谱相匹配的理论基础发展而来的。红外先烤灯的辐射元件是由钨丝作为热源、用石英管作为热源外罩和定向反射屏组成，其最大的特点是能反射出短波、中波、长波红外区光波，达到全波辐射，使得辐射的能量增大，热响应速度快。

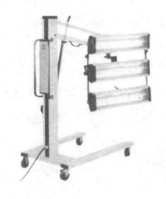

图5-9　远红外线烤灯

（2）高红外快速固化技术的特点

①升温速度快，输出功率大，烘干速度快。传统的远红外元件的启动时间大约为5～15分钟，元件表面功率为3～5W/cm²，而高红外元件的启动时间只需1～3s，元件表面功率为15～25W/cm²。在试验室采用高红外烘干设备烘干阴极电泳底漆样板时，其烘干时间仅为130～150s，且与常规方法在170℃下，干燥30分钟后的涂膜一样，达到完全固化。

②加热范围容易控制。

③高效、节能、投资少。采用高红外快速固化技术可对旧的干燥设备进行改造，提高产量，节省设备投资。

④对需烘干温度高的粉末涂料、蒸发潜热大的水溶性涂料以及质量大的工件时，应用该烘干设备最好。

2. 烘箱

烘箱在喷涂作业中多用于喷涂样板的烘干，一般为柜式结构，加热方式一般为电加热和红外线加热，它的特点是保温性能好、占地面积小。

四、烤漆房的使用

（1）喷涂前，检查喷涂的气压是否正常，同时确保空气过滤系统的清洁。

（2）检查空气压缩机和油水微尘分离器，使喷漆软管保持洁净。

（3）喷枪、喷漆软管和调漆罐要存放在干净的地方。

（4）除了用吹风枪和黏尘布除尘外，其他所有喷涂前的工序都应该在烤漆房外完成。

（5）在烤漆房只能进行喷涂和烘烤工序，而且烤漆房房门只可在车辆进出时开启，开启房门时必须开动喷涂时的空气循环系统以产生正压，确保房外的灰尘不能进入房内。

（6）穿着指定的喷漆服和佩带安全防护用具进入烤漆房进行操作。

(7)在进行烘烤作业时,必须将烤漆房内的易燃物品拿出房外。

(8)非工作人员,不得进入烤漆房。

五、烤漆房的维护

(1)每天清洁烤漆房内墙壁、玻璃及地台底座,以免灰尘和漆尘积聚。

(2)每星期清洁进风隔尘网,检查排气隔尘网是否有积塞,如房内气压无故增加时,必须更换排气隔尘网。

(3)每工作 150 小时应更换地台隔尘纤维棉。

(4)每工作 300 小时应更换进风隔尘网。

(5)每月清洁地台水盘,并清洗燃烧器上的柴油过滤装置。

(6)每个季度应检查进风和排风电动机的传动皮带是否松弛。

(7)每半年应清洁整个烤漆房及地台望,检查循环风活门、进风及排风机轴承,检查燃烧器的排烟通道,清洁油箱内的沉积物,清洗烤漆房水性保护膜并重新喷涂。

(8)每年应清洁整个热能转换器,包括燃烧室及排烟通道,每年或每工作 1200 小时应更换烤漆房顶棉。

六、维护后的烤漆房性能检测

(1)明亮度检测。烤漆房内明亮度需达到 800～1000Lx(勒克思),使用接近 D65 光源的灯光,内墙壁应为哑光白色。

(2)空气流量检测。烤漆房内空气由上至下均匀流动,流速为 0.2～0.3m/s。

(3)过滤效果检测。在烤漆房正常运行的情况下,用太阳灯照射上部,每平方米的范围内细小灰尘应不多于 5 颗。

(4)墙壁密封效果检测。烤漆房必须是密封的,接缝处不应有漆尘的积聚。

(5)保证正压检测。检测烤漆房的进风量是否略大于出风量,烤漆房是否处于正压状态。

(6)加热系统的密封效果检测。燃烧器和烟筒周围应密封良好,无燃烧后的油灰。

(7)升温速度检测。烤漆房从 20℃升至 60℃所用的时间大约是 10～15 分钟,测量温度时要以烤漆房内金属车身的温度为准。

七、资讯

(一)喷漆房

喷漆房为喷涂施工提供一个清洁、安全、照明良好的封闭环境,既可以防止其他工序对喷涂过程的影响，也可使喷涂过程所产生的污染物得以控制和治理。

1. 喷漆房的基本要求

（1）_____

_____。

（2）_____

_____。

（3）_____

_____。

（4）_____

_____。

（5）_____

_____。

2. 喷漆房的结构

喷漆房主要由_____、_____、_____、_____及___

_____、_____装置等组成。喷漆房有两种形式：一种是单室式的，只具

有喷漆功能；另一种是双室式的，同时具有_____和_____功能。__

_____和_____都设置在喷漆房外，换气系统应达到每小时全换气两次

或更多次的要求。现代维修行业常用的是单室的喷-烤漆房，俗称烤漆房，即

可以在其中进行喷涂施工，等涂膜闪干后，再实施烘烤工序。

换气系统。常见的换气系统有3种形式：_____、_____和

_____。目前喷漆房的换气系统普遍采用_____。

空气过滤系统。空气过滤系统是喷漆房最重要的安全设施，其作用主要是

将混杂在喷漆房空气中的油漆粒子和其他污染物过滤掉，使排出的气体不致污

染大气。目前使用的过滤系统有两种，即_____和_____。典型

的下向通风喷漆房采用_____（湿过滤系统）。

3. 喷漆房的正确使用和维护

喷漆房的主要功能是为喷漆工序提供良好的工艺环境。影响喷漆质量最重

要的因素是周围的环境，如空气的清洁程度、温度、湿度等。一般说来，进入

喷漆房的人员和物品都会带来污染。进入房内的空气则是主要的污染源。

喷漆房的正确使用和维护注意事项如下：

（1）_____

_____。

(2) _____

_____。

(3) _____

_____。

(4) _____

_____。

(5) _____

_____。

(6) _____

_____。

(7) _____

_____。

(8) _____

_____。

（二）烤漆房

汽车车身上有塑料件、橡胶件等非金属材料，这些材料经不起高温烘烤，所以汽车修补涂装中一般使用的是自干型或双组分型涂料。为了提高涂装效率和涂层质量，也可以采用低温烘烤，烤漆房就是最为常见的低温烘烤设备。上面提到的单室喷-烤漆房可以满足修补涂装中的低温烘烤要求，但工效低，漆雾粒子难以清除干净。在修补涂装产量大的场合，一般都独立设置一套低温烘烤室。

低温烤漆房是指被烘干件的金属底材温度在烘烤过程中不超过_____的烘干室。低温烤漆房按加热方式分为_____和_____。

1. 对低温烤漆房的要求

(1) _____

_____。

(2) _____

_____。

(3) _____

_____。

(4) _____

_____。

（5）_____

_____。

　　2. 低温烘干室的正确使用

　　（1）_____

_____。

　　（2）_____

_____。

　　（3）_____

_____。

　　（4）_____

_____。

　　（5）_____

_____。

　　（三）其他烘烤设备

　　1. 红外线烤灯

　　红外线烤灯是一种辐射式干燥设备，用于车身涂膜的局部干燥。电加热式远红外线干燥设备以其_____、_____、_____等优点，在汽车修补涂装中被广泛使用。

　　一般用于_____、_____烘烤。

　　2. 烘箱

　　烘箱在喷涂作业中多用于喷涂样板的烘干，一般为柜式结构，加热方式一般为电加热和红外线加热，它的特点是保温性能好、占地面积小。一般用于_____烘烤。

　　（四）烤漆房的使用

　　（1）_____

_____。

　　（2）_____

_____。

　　（3）_____

_____。

　　（4）_____

_____。

(5) _____

_____ 。

(6) _____

_____ 。

(7) _____

_____ 。

(8) _____

_____ 。

（五）烤漆房的维护

(1) _____

_____ 。

(2) _____

_____ 。

(3) _____

_____ 。

(4) _____

_____ 。

(5) _____

_____ 。

(6) _____

_____ 。

(7) _____

_____ 。

(8) _____

_____ 。

（六）维护后的烤漆房性能检测

(1) _____

_____ 。

(2) _____

_____ 。

(3) _____

_____ 。

（4）_____

_____。

（5）_____

_____。

（6）_____

_____。

（7）_____

_____。

八、决策

1. 进行学员分组，在教师的提示下，实施烤漆房开关和维护操作。

2. 各小组选出一名负责人，负责人对小组任务进行分配。组员按负责人要求完成相关任务内容，并将自己所在小组及个人任务内容填入表5-1中。

表5-1　小组任务

序号	小组任务	个人职责（任务）	负责人

九、制订计划

根据任务内容制订小组任务计划，简要说明任务实施过程的步骤及辅助工具，并将计划内容等填入表5-2和表5-3中。

表5-2　烤漆房打开和关闭

序号	操作步骤	操作内容	是否合格
1			
2			
3			

表5-3　烤漆房维护拆装

序号	操作步骤	操作内容	是否合格
1			
2			
3			

十、实施

1. 实践准备，见表5-4。

表 5-4 实践准备

场地准备	场景准备	资料准备	素材准备
四工位的涂装实训室、对应数量的课桌椅、黑板一块	工厂场景、烤漆房、拆装工具一套	烤漆房使用说明书和操作规程	烤漆房使用说明书和操作规程录像

2. 实施烤漆房打开和关闭操作，并完成表 5-5 的填写。

表 5-5 打开和关闭操作

操作步骤	操作方法	是否合格

3. 实施烤漆房烤漆房维护拆装操作，并完成表 5-6 的填写。

表 5-6 维护拆装

操作步骤	操作方法	是否合格

十一、检查

完成烤漆房开关、维护拆装操作检查，请将检验过程及结果填写在表 5-7 中。

表 5-7 检查

检查过程：

检查结果：

十二、评估与应用

思考：烤漆房在使用时操作规范。

表5-8　评估与应用

记录：

学习任务二　中涂底漆的喷涂

模块三任务二中的轿车车门因路边飞石击伤（见图5-10），涂装人员已经进行了原子灰的刮涂处理，按照车身修补涂装的工作程序，现在要进行中涂底漆涂层的涂装。本任务要求掌握中涂底漆层的涂装技能即可。

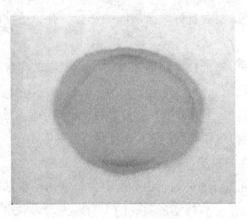

图 5-10　待进行中涂底漆层涂装的车身门板

【学习目标】

1. 了解中涂底漆的一般知识。

2. 熟悉特殊要求中间涂层的涂装方法。

3. 掌握中涂底漆层的涂装方法。

4. 能熟练进行中涂底漆层的涂装操作。

【学习内容】

1. 具备车身常用中涂底漆的功能、特性、组成和用途的相关知识。

2. 掌握中涂底漆涂层的涂装方法和技巧，具备中涂底漆的涂装技能。

一、中涂底漆的一般知识

1. 车用中涂底漆的功能和特性

所谓中涂底漆是指介于底漆涂层和面漆涂层之间所用的涂料，也称底漆喷灰，俗称"二道浆"。中涂底漆的主要功能是改善被涂工件表面和底漆涂层的平整度，为面漆层创造良好的基础，以提高面漆涂层的鲜映性和丰满度，提高整个涂层的装饰性和抗石击性。对于表面平整度较好，装饰性要求又不太高的载货汽车和普通乘用轿车在制造和涂装修理时有时不采用中涂底漆，对于装饰性要求很高的中、高级轿车则都采用中涂底漆。

中涂底漆应具有以下特性：

（1）应与底、面漆配套良好，涂层间的结合力强，硬度配套适中，不被面漆的溶剂所咬起。

（2）应具有足够的填平性，能消除被涂底漆表面的划痕、打磨痕迹和微小孔洞、细眼等缺陷。

（3）打磨性能良好，不黏砂纸，在打磨后能得到平整光滑的表面。

（4）具有良好的韧性和弹性，抗石击性良好。

中涂底漆所使用的漆基与底漆和面漆使用的漆基相仿，并逐步由底向面过渡，这样有利于保证涂层间的结合力和配套性，常用的漆基有环氧树脂、聚酯树脂、聚氨酯树脂等。这些树脂所制成的中涂底漆均为双组分低温固化，热固性，所得到的涂膜硬度适中，耐溶剂性能好，适宜与各种面漆配套使用。

2. 车身常用中涂底漆

车用中涂底漆的颜料多为体质颜料，具有良好的填充性能，其固体成分一般要在 60% 以上，喷涂两道后涂膜的厚度可达 60 ~ 100μm。着色颜料多采用灰色、白色和黄色等易于遮盖的颜色。另外也有可调色中涂，在中涂底漆中可以适量加入面漆的色母(一般为10%左右)调配出与面漆基本相同的颜色,用于提高面漆的遮盖力,避免造成色差。这类可调色中涂底漆的漆基一般都与面漆基本相同,在漆基不同时不可加入面漆的色母调色。汽车常用中涂底漆见表5-9。

表5-9 汽车常用中涂底漆

型　　号	特　　性	用　　途	施工方法
Q06-5 灰硝基中涂底漆	涂层干燥快,易打磨光滑,填孔性较好且硬度较高,但柔韧性较差,耐老化性不好	专用于填平原子灰孔隙及砂纸打磨留下的痕迹	喷涂
C06-10 醇酸中涂底漆	涂层细腻,干燥速度快,易打磨光滑,与原子灰和面漆附着力强,对面漆的烘托性较好	用于填平原子灰层表面的砂眼、痕迹等	刷涂或喷涂
C06-15 白醇酸中涂底漆	干燥速度快,易打磨光滑,与底漆层和面漆层的附着力强	用于涂面漆前对原子灰层表面的沙眼、痕迹填平	刷涂或喷涂
G06-5 各色过氯乙烯中涂底漆	涂层干燥速度快,填补性好,有一定的机械强度.与原子灰配套使用可增强面漆的光洁度和附着力	主要用于填平针眼和打磨痕迹	喷涂
G06-8 灰过氯乙烯中涂底漆	干燥速度快,打磨性好,并能封闭原子灰膜而防止"返花"	可用于过氯乙烯底漆和原子灰间的过度涂层用漆	喷涂
H06-12 环氧醇酸中涂底漆	将环氧树脂、醇酸树脂、添加剂、溶剂及颜料混合后制成。常温下干燥,填密性好,易打磨	可用于已涂过的底漆和原子灰,并经过打磨后的金属表面的填平,能增强面漆的装饰性	喷涂
A06-3 氨基烘干中涂底漆	附着力强,与原子灰层和面漆层结合力较好,涂层细腻、易打磨,耐油性好	用于已涂底漆和已打磨平滑的原子灰层的填平	喷涂

二、中涂底漆层的涂装方法

1. 中涂底漆的喷涂

喷涂前,先用压缩空气清除表面粉尘。若进行过湿打磨,应进行去湿处理,使被涂表面干燥。车身常用中涂底漆种类不同,其作业方式有一定的差异。下面以硝基类和丙烯酸类中涂底漆为例讲述其喷涂方法。

涂料配制时,首先将涂料充分搅拌,使颜料均匀分布于涂料中,然后将搅拌好的涂料用滤网过滤并装入喷枪罐,再按厂家指定的稀释剂稀释到适合的黏度。一般情况下，中涂底漆都可采用硝基类用稀释剂，但丙烯酸类中涂底漆必须使用专用的稀释剂。加入稀释剂时，要用搅拌棍边搅拌边添加。中涂底漆的喷涂黏度随厂家而异。

喷涂之前，应再度确认被涂装表面是否清洁，调整喷涂气压、喷枪距离、喷束直径和喷射流量。中涂底漆的喷涂参数见表5-10。

表5-10　硝基类和丙烯酸类中涂底漆喷涂参数

参数 涂料	喷枪口径	涂料黏度(4号福特黏度)	喷涂气压	喷涂距离	喷束直径和喷射流量
硝基类	1.3～1.8mm	16～20Pa.s	245kPa 为宜	150～250mm	根据喷涂面积大小来整
丙烯酸类	1.3～1.8mm	13～15Pa.s	245kPa 为宜	150～250mm	根据喷涂面积大小调整

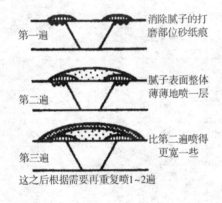

图5-11　中涂底漆的喷涂顺序

喷涂时，先在修补涂膜边缘交接部位进行薄薄地喷涂，使旧涂膜与原子灰的交界面溶接，如图5-11所示。待其稍干后，接着对整个原子灰表面薄薄地喷涂一层，喷涂后形成的表面应平整、光滑，取适当的时间间隔，分几次薄薄地喷涂，一般要喷涂3～4次。

中涂底漆的喷涂面积如图5-12所示，应比修补的原子灰面积大，而且要达到一定的程度。喷第二遍要比第一遍大，第三遍要比第二遍大，逐渐加大喷涂面积。

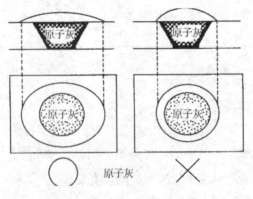

图5-12　中涂底漆喷涂面积

如果喷涂表面有几处原子灰修补块，而且相邻较近，可先在每个修补块上分别预喷两遍，然后再整体喷涂 2～3 遍，联成一大块，如图 5-13 所示。这样处理，可以取得良好的效果。这种情况也不宜一次喷得过厚，而应取适当的时间间隔，分几次喷涂。

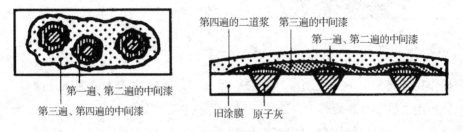

图 5-13　相邻原子灰修补块的中涂底漆喷涂

当旧涂膜是改性丙烯酸硝基涂料等易溶性涂料时，对黏度和喷涂时间间隔应十分注意。若采用硝基类中间涂料，黏度应取 18～20Pa.s，要反复薄薄地喷涂，以免喷涂后表面显得粗糙。如果用丙烯酸类中间涂料，黏度可取 14～15Pa.s。

2. 中间涂层的干燥

中涂底漆喷涂完成后一定要充分干燥，各中涂底漆平均干燥时间见表 5-11。如果干燥不充分，不仅打磨时涂料会填满砂纸，使作业难以进行，而且喷涂面漆之后往往会出现涂膜缺陷。

表 5-11　中间底漆平均干燥时间

中涂底漆的种类	自然干燥(20℃)	强制干燥(60℃)
硝基类	30 分钟以上	10～15 分钟
聚氨酯	6 小时以上	20～30 分钟
合成树脂	3 小时以上	20 分钟以上

寒冷的冬天，中涂底漆需采用红外线烤灯或热风加热器进行强制干燥。这样不仅能加速干燥，提高作业效率，还能提高涂膜质量。但不能骤然提高温度，应渐渐升温，到 60℃左右保温。

3. 刮涂填眼灰

喷涂干燥完毕后，应仔细检查涂装表面有无砂纸打磨痕迹、气孔及其他缺陷。若有缺陷可采用硝基速干细灰修补，如图 5-14 所示。修补工作用橡胶刮刀或塑料刮刀薄薄地刮涂，切忌一次刮得过厚。若一次刮填不满，间隔 5 分钟左右再进行刮涂。

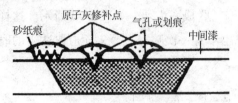

图 5-14　用幼滑原子灰修补中间涂层缺陷

但操作比较简单。不论使用哪种打磨机打磨，都不能用太大的力压在涂膜上，只能稍用力沿车身表面移动。若用力过大，砂纸磨痕就会过深。用手工打磨板干打磨时，也应使用软磨头或橡胶垫块，砂纸粒度为 280～400 号，打磨运行方向如图 5-15 所示。

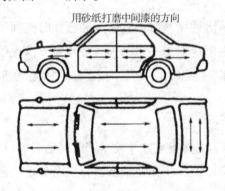

图 5-15　中间涂层的打磨方向

4. 中涂底漆层的打磨

（1）干打磨。干打磨若采用双动式打磨机进行打磨，所用砂纸粒度以 240～280 号为宜。若采用往复式打磨机，砂纸粒度以 280～320 号为宜。往复式打磨机打磨，比双动式速度慢，

（2）湿打磨。湿打磨一般采用 320～600 号水砂纸。当面漆是硝基类涂料时，要用 400 号水砂纸。面漆是金属闪光涂料时，要用 600 号水砂纸。因为用 400 号水砂纸，砂纸磨痕往往会显现到涂膜表面。当面漆为单色漆时，可用 360 号水砂纸，但单色漆的硝基类涂料，应用 400 号以上的砂纸打磨。打磨时使用的垫块应柔软，手

工打磨时应避免手指接触被打磨表面，打磨要仔细，不能有遗漏。打磨结束后，对玻璃滑槽缝、门把手、玻璃四周等边缘部位，要用刷子蘸上研磨膏进行打磨，清除残余的污物，如图 5-16 所示。

图 5-16　边缘部位的清扫打磨

（3）速干细灰灰修补部位的打磨。对于用速干细灰修补的部位，中间涂层的表面打磨要特别注意。如图 5-17 所示，先以修补部位为中心，用 320 ～ 400 号水砂纸将凸出部分磨平，然后用 400 或 600 号水砂纸将整个表面打磨平整。干打磨时使用往复式打磨机，先用 240 号砂纸将凸起部位打磨平，随后用 320 号砂纸整体打磨。

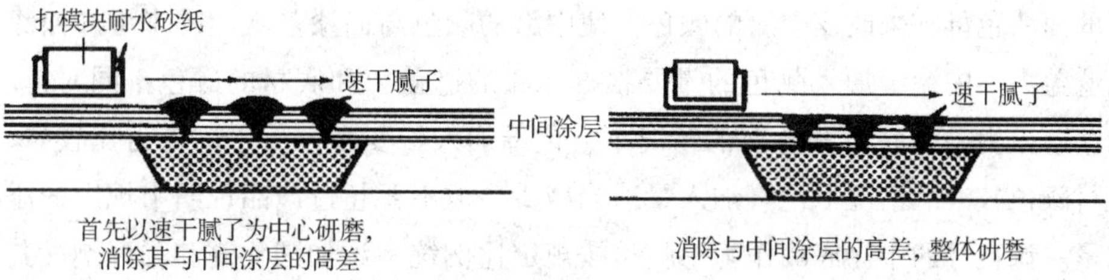

图 5-17　速干细灰修补部位的中间涂层打磨

注意：打磨时，不能只打磨喷涂了中涂底漆或补了灰的部位。还必须对其周围颜色逐渐变化的区域用研磨膏进行打磨或用 1000 号砂纸打磨。

5. 收尾工作

若采用的是湿打磨，就要用清水冲洗干净打磨部位，然后用红外线灯泡和热风加热器等将表面除湿干燥。若采用的是干打磨，应用吸尘器将打磨粉尘彻底清除干净。如果是局部修补涂装，周围的旧涂膜要用粗颗粒的研磨膏进行研磨，以彻底清除污物和油分。最后应仔细检查涂膜表面，不能遗漏未经打磨的部位，如果有，再用 400 ～ 600 号砂纸打磨。

三、特殊要求中间涂层的涂装

1. 现代中、高档轿车中间涂层的涂装

现代中高档轿车对涂装质量要求很高，中间涂层质量的好坏直接影响涂装效果。为了提高面漆的流平性，确保涂装表面的光洁度，一般采用喷涂指示层两次打磨法。操作工序是先喷中涂底漆，随即在喷好的底漆上薄薄喷洒一层与中涂底漆颜色区别很大色漆，即喷涂指示层，待完全干燥后用 600 号砂纸打磨，打磨后，底漆上不能被打磨掉的指示层就是中涂底漆不能掩盖的缺陷。常见的缺陷有砂眼和砂纸打磨的痕迹。准确找到缺陷后，刮涂填眼灰，干燥后再次打磨。喷涂指示层的目的就是找出肉眼难以发现的涂层缺陷，从而确保涂层的表面质量。

2. 可调色中涂底漆的涂装

如果要喷涂的面漆遮盖能力比较差，但是底材颜色比较深的情况下需要喷涂可调色中涂底漆。比如有些塑料保险杠本身为黑色，在修补喷涂颜色比较浅、遮盖力比较差的面漆时如果按照平常的方法处理，喷涂上面漆后底材颜色有时会渗透出来使面漆的颜色发生变化，与其他金属表面的面漆颜色产生色差。此时可以采用可调色中涂底漆对底材进行遮盖，然后再喷涂面漆。

可调色中涂即在中涂底漆中加入适量的已经调色好的面漆或与面漆颜色相近的面漆色母，来改变中涂的颜色，使中涂的颜色与面漆基本相同来增加面漆的遮盖力。中涂中加入颜色的量要根据面漆的遮盖力和底材的颜色不同对待。面漆遮盖力差，底材颜色深的情况下，色母加入量要多，面漆遮盖力比较好、底材颜色较浅的情况下色母加入量适当减少，但不要超过产品说明中规定的添加量。调色好的中涂底漆作为一整份按规定比例统一添加固化剂和稀释剂。其喷涂的方法基本与普通中涂一样。

可调色中涂底漆是一种单独产品，并不是所有的中涂底漆都可以进行调色处理。可调色中涂底漆一般与配套使用的面漆基本相同，只有如此才能实现在中涂底漆中加入面漆色母进行适当的调色操作。

四、中间涂层的涂装工艺

中涂底漆涂层的涂装施工步骤为：中涂底漆施工前的打磨→清洁和除油→遮蔽不需喷涂区域→混合中涂底漆→施涂中涂底漆→干燥中涂底漆→打磨中涂底漆→刮涂、打磨填眼灰→面漆涂装前的打磨。

下面按照此施工步骤，来进行任务引入提出的车门中间涂层的涂装操作。

1. 中涂底漆施工前的打磨

将一片 320 号筛目数的砂纸装到手工打磨垫块上，如图 5-18 所示，打磨准备施涂中涂底漆的表面。由于中涂底漆要覆盖整个原子灰表面，因此打磨面积要超出原子灰边缘 150mm 左右，如图 5-19 所示。

图 5-18　将砂纸装到打磨垫块上

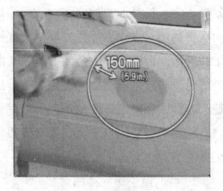

图 5-19　中涂底漆施工前打磨的范围

注意：为了防止重涂面积不必要的扩大，在离原子灰边缘 150mm 的范围内，如果有车身钣金接缝或特征线，打磨区域不能超过钣金接缝或特征线。

2. 待涂表面的清洁和除油

用空气除尘枪靠近原子灰表面，打开压缩空气，尽可能吹除针孔和其他缝隙中的打磨微粒，然后用除油剂进行正常的除油工作，如图 5-20 所示。

3. 遮蔽不喷涂区域

将遮蔽纸粘贴在喷涂区域的周围，如图 5-21 所示，防止漆雾飘落在非喷涂区域。为了防止喷涂的中涂底漆边缘产生台阶，遮盖纸应采用反向遮蔽的方法，如图 5-22 所示。

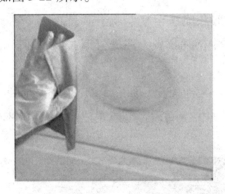

图 5-20　待涂表面的除油工作

图 5-21　非喷涂区域的遮蔽

4. 混合中涂底漆

按照说明书的要求，称量一定数量的中涂底漆，然后按照其配比比例，加入一定数量的稀释剂（见图 5-23），并调整涂料的黏度，使之适合喷涂。

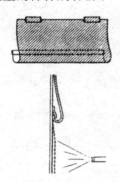

图 5-22　反向遮蔽

图 5-23　向中涂底漆中加入稀释剂

注意：稀释剂要根据环境温度进行选择，10℃时选用快干稀释剂，20℃时选用标准稀释剂，30℃时选用慢干稀释剂。制造商对稀释剂规定了一定的宽容度，如果稀释剂比较少，涂层会比较厚，涂膜表面会比较粗糙；如果稀释剂比较多中涂底漆容易施涂，但往往会产生垂流。

5. 施涂中涂底漆

（1）过滤涂料。用搅杆充分搅拌混合涂料，然后将它通过滤网倒入喷枪中，如图5-24所示。

（2）调整喷枪。首先将口径为1.5mm的标准喷枪的喷涂气压调整到245MPa，然后将出漆量调整螺钉完全拧紧后退出两圈。喷涂距离选用150~250mm，喷雾宽度全开。

（3）中涂底漆的喷涂。将第一层中涂底漆喷涂至整个原子灰表面，直至该表面完全变湿，静置5~10分钟，使涂层中溶剂挥发，在进行第二次、第三次喷涂。

注意：每次喷涂中涂底漆时，稍稍扩大喷涂面积，如图5-25所示；如果原子灰表面变形（轻微凹陷），要喷涂足够量的中涂底漆，以便盖住凹陷，但要防止垂流。

图5-24 过滤中涂底漆

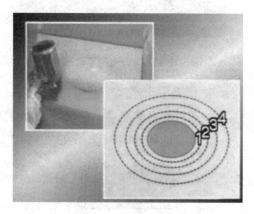

图5-25 喷涂中涂底漆

（4）喷涂指示层。将自喷指示层涂料（或在喷枪中加入深色涂料）薄薄地喷涂在中涂底漆层上，如图5-26所示。注意：指示层不要喷得太厚，指示层的颜色与中涂底漆层的颜色要有明显的区分度。

6. 干燥中涂底漆

为了加快施工进度，此处采用红外线烤灯强制干燥。打开红外线烤灯，在60℃下干燥20分钟即可，如图5-27所示。

图5-26 喷涂指示层

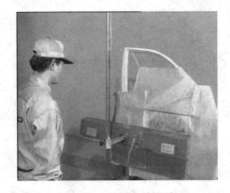

图5-27 干燥中涂底漆

7. 打磨中涂底漆

用沾了水的海绵淋湿中涂底漆层表面，选用360号水砂纸配合手工打磨垫块打磨中涂底漆，如图5-28所示。打磨后，彻底清除水汽并进行干燥。

8. 刮涂和打磨填眼灰

（1）检查打磨表面。观察打磨表面，如图5-29所示，如果打磨表面上留下带指示层颜色的麻点，即中间涂层的缺陷所在，如图5-30所示。

图5-28 打磨中涂底漆

图5-29 检查打磨表面的缺陷

（2）刮涂填眼灰。将填眼灰直接挤到刮刀上，然后用刮刀将原子灰牢牢地推压如针孔和打磨痕迹，如图5-31所示。注意：填眼灰要薄薄地施涂，如果涂得太厚，干燥速度会很慢；如果需要修补的点很多，则需要在整个中涂底漆表面刮涂，以防遗漏。说明：对于要求不是很高的车身中间涂层的涂装，可以直接在干燥的中涂底漆上刮涂填眼灰，底漆和填眼灰一块打磨，这样可以节省施工时间。

（3）干燥和打磨填眼灰

打开红外线烤灯，在60℃下将刮涂的填眼灰干燥5～10分钟；选用400号

图 5-30　指示层所显示的缺陷　　　　图 5-31　填眼灰的刮涂

水砂纸，配合手工打磨垫块进行湿打磨，如图 5-32 所示。

9. 面漆涂装前的打磨

中涂底漆涂层打磨完成，用 600～800 号水砂纸对整个面漆喷涂表面进行打磨，如图 5-33 所示，以提高面漆的附着力，打磨必须进行到整个表面失去光泽为止。

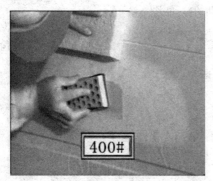

图 5-32　填眼灰的打磨　　　　　　　图 5-33　面漆涂装前的打磨

五、资讯

1. 中涂底漆的一般知识

（1）车用中涂底漆的功能是：＿＿＿＿＿＿＿＿＿＿＿＿＿＿＿＿＿＿

＿＿＿＿＿＿＿＿＿＿＿＿＿＿＿＿＿＿＿＿＿＿＿＿＿＿＿＿＿＿＿＿＿＿

＿＿＿＿＿＿＿＿＿＿＿＿＿＿＿＿＿＿＿＿＿＿＿＿＿＿＿＿＿＿＿＿＿＿

＿＿＿＿＿＿＿＿＿＿＿＿＿＿＿＿＿＿＿＿＿＿＿＿＿＿＿＿＿＿＿＿。

（2）中涂底漆应具有以下特性：

①＿＿＿＿＿＿＿＿＿＿＿＿＿＿＿＿＿＿＿＿＿＿＿＿＿＿＿＿＿＿＿＿

①_____ 。

_____

②_____

_____ 。

③_____

_____ 。

④_____

_____ 。

（3）车身常用中涂底漆

汽车常用中涂底漆见表5-12。

表5-12　汽车常用中涂底漆

型　　号	特　　性	用　　途	施工方法
Q06-5 灰硝基中涂底漆			
C06-10 醇酸中涂底漆			
C06-15 白醇酸中涂底漆			
G06-5 各色过氯乙烯中涂底漆			
G06-8 灰过氯乙烯中涂底漆			
H06-12 环氧醇酸中涂底漆			
A06-3 氨基烘干中涂底漆			

2. 中涂底漆层的涂装方法

（1）中涂底漆的喷涂

中涂底漆的喷涂参数见表5-13。

表5-13 硝基类和丙烯酸类中涂底漆喷涂参数

参数 涂料	喷枪口径	涂料黏度(4号福特黏度)	喷涂气压	喷涂距离	喷束直径和喷射流量
硝基类					
丙烯酸类					

喷涂方法是：_____

_____。

中涂底漆的喷涂面积_____

_____。

如果喷涂表面有几处原子灰修补块，而且相邻较近，喷涂方法是：_____。

（2）中间涂层的干燥

寒冷的冬天，中涂底漆需采用红外线烤灯或热风加热器进行强制干燥。这样不仅能加速干燥，提高作业效率，还能提高涂膜质量。但不能骤然提高温度，应渐渐升温，到_____左右保温。

（3）刮涂填眼灰

喷涂干燥完毕后，应仔细检查涂装表面有无砂纸打磨痕迹、气孔及其他缺陷。若有缺陷可采用_____修补。

（4）中涂底漆层的打磨

①干打磨。干打磨方法是：_____

_____

_____

_____

_____。

②湿打磨。湿打磨方法是：_____

_____

_____

_____

_____

_____。

③速干细灰修补部位的打磨。打磨方法是：_____

_____

_____

_____

_____

_____

_____。

注意：打磨时，不能只打磨喷涂了中涂底漆或补了灰的部位。还必须对其周围颜色逐渐变化的区域用研磨膏进行打磨或用1000号砂纸打磨。

（5）收尾工作

操作主要有：_____

_____

_____

_____

_____

_____。

3. 中涂底漆施工过程

（1）中涂底漆施工前的打磨

将一片320号筛目数的砂纸装到手工打磨垫块上，打磨准备施涂中涂底漆的表面。由于中涂底漆要覆盖整个原子灰表面，因此打磨面积要超出原子灰边缘150mm左右。

注意：为了防止重涂面积不必要的扩大，在离原子灰边缘150mm的范围内，如果有车身钣金接缝或特征线，打磨区域不能超过钣金接缝或特征线。

（2）待涂表面的清洁和除油

用空气除尘枪靠近原子灰表面，打开压缩空气，尽可能吹除针孔和其他缝隙中的打磨微粒，然后用除油剂进行正常的除油工作。

（3）遮蔽不喷涂区域

将遮蔽纸粘贴在喷涂区域的周围，防止漆雾飘落在非喷涂区域。为了防止喷涂的中涂底漆边缘产生台阶，遮盖纸应采用反向遮蔽的方法。

（4）混合中涂底漆

按照说明书的要求，称量一定数量的中涂底漆，然后按照其配比比例，加

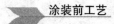

入一定数量的稀释剂，并调整涂料的黏度，使之适合喷涂。

注意：稀释剂要根据环境温度进行选择，10℃时选用快干稀释剂，20℃时选用标准稀释剂，30℃时选用慢干稀释剂。制造商对稀释剂规定了一定的宽容度，如果稀释剂比较少，涂层会比较厚，涂膜表面会比较粗糙；如果稀释剂比较多中涂底漆容易施涂，但往往会产生垂流。

（5）施涂中涂底漆

①过滤涂料。用搅杆充分搅拌混合涂料，然后将它通过滤网倒入喷枪中。

②调整喷枪。首先将口径为1.5mm的标准喷枪的喷涂气压调整到245MPa，然后将出漆量调整螺钉完全拧紧后退出两圈。喷涂距离选用150～250mm，喷雾宽度全开。

③中涂底漆的喷涂。将第一层中涂底漆喷涂至整个原子灰表面，直至该表面完全变湿，静置5～10分钟，使涂层中溶剂挥发，在进行第二次、第三次喷涂。

注意：每次喷涂中涂底漆时，稍稍扩大喷涂面积；如果原子灰表面变形（轻微凹陷），要喷涂足够量的中涂底漆，以便盖住凹陷，但要防止垂流。

④喷涂指示层。将自喷指示层涂料（或在喷枪中加入深色涂料）薄薄地喷涂在中涂底漆层上。注意：指示层不要喷得太厚，指示层的颜色与中涂底漆层的颜色要有明显的区分度。

（6）干燥中涂底漆

为了加快施工进度，此处采用红外线烤灯强制干燥。打开红外线烤灯，在60℃下干燥20分钟即可。

（7）打磨中涂底漆

用沾了水的海绵淋湿中涂底漆层表面，选用360#水砂纸配合手工打磨垫块打磨中涂底漆。打磨后，彻底清除水汽并进行干燥。

（8）刮涂和打磨填眼灰

①检查打磨表面。观察打磨表面，如果打磨表面上留下带指示层颜色的麻点，即中间涂层的缺陷所在。

②刮涂填眼灰。将填眼灰直接挤到刮刀上，然后用刮刀将原子灰牢牢地推压如针孔和打磨痕迹。注意：填眼灰要薄薄地施涂，如果涂得太厚，干燥速度会很慢；如果需要修补的点很多，则需要在整个中涂底漆表面刮涂，以防遗漏。

说明：对于要求不是很高的车身中间涂层的涂装，可以直接在干燥的中涂底漆上刮涂填眼灰，底漆和填眼灰一块打磨，这样可以节省施工时间。

③干燥和打磨填眼灰

打开红外线烤灯，在60℃下将刮涂的填眼灰干燥5~10分钟；选用400号水砂纸，配合手工打磨垫块进行湿打磨。

（9）面漆涂装前的打磨

中涂底漆涂层打磨完成，用600~800号水砂纸对整个面漆喷涂表面进行打磨，以提高面漆的附着力，打磨必须进行到整个表面失去光泽为止。

六、决策

1. 进行学员分组，在教师的指导下，实施门板喷涂中途底漆的操作。

2. 各小组选出一名负责人，负责人对小组任务进行分配。组员按负责人要求完成相关任务内容，并将自己所在小组及个人任务内容填入表5-14中。

表5-14 小组任务

序号	小组任务	个人职责(任务)	负责人

七、制订计划

根据任务内容制订小组任务计划，简要说明任务实施过程的步骤及辅助工具，并将计划内容等填入表5-15中。

表5-15 门板喷涂中途底漆过程

序号	操作步骤	操作内容	是否合格
1			
2			
3			

八、实施

1. 实践准备，见表5-16。

表5-16 实践准备

场地准备	场景准备	资料准备	素材准备
四工位的涂装实训室、对应数量的课桌椅、黑板一块	工厂场景、烤漆房、门板、喷枪、配套的中涂底漆等	中涂底漆使用说明书和中途喷涂的操作标准	中途喷涂的操作标准录像

2. 门板喷涂中途底漆过程操作，并完成表5-17的填写。

表5-17　门板喷涂

操作步骤	操作方法	是否合格

3. 门板打磨中途底漆过程操作，并完成表5-18的填写。

表5-18　门板打磨

操作步骤	操作方法	是否合格

九、检查

完成门板喷涂中途底漆过程操作检查，请将检验过程及结果填写在表5-19中。

表5-19　检查

检查过程：

检查结果：

十、评估与应用

思考：门板喷涂中途底漆过程和中涂底漆打磨的操作质量标准，见表5-20。

表5-20　评估与应用

记录：

学习情境六　翼子板素色漆施工

学习目标

1. 熟悉翼子板素色漆的块修补和点修补的工艺流程。
2. 掌握素色漆喷涂参数和方法。
3. 能根据车身底材正确选用原子灰刮涂工具和方法。
4. 熟悉原子灰刮涂、打磨所需要的工具和材料。
5. 掌握原子灰刮涂、干燥和打磨的操作方法。
6. 能熟练进行原子灰的刮涂与打磨操作。
7. 了解喷漆房、烤漆房和烘干设备的结构类型和特点。
8. 掌握喷漆房、烤漆房和烘干设备的使用和维护方法。
9. 能正确使用喷漆房、烤漆房和烘干设备进行涂装操作。

情境导入

一轿车素色漆翼子板受损，现在需要进行翼子板的损伤修补，如图 6-1 所示。在修补时，首先必须正确选择维修方法。因此，本节的中心任务就是块修补和局部修补的维修工艺。

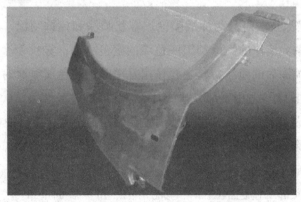

图 6-1　待刮涂原子灰的车身翼子板

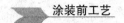

学习任务一　素色漆的块修补工艺流程

【学习目标】

1. 熟悉翼子板块修补工艺流程。
2. 掌握翼子板块修补工艺。
3. 能根据损伤的情况正确选用块修补和点修补。

【学习内容】

1. 能够掌握翼子板块修补和点修补的选用。
2. 掌握块修补的操作流程和工艺。

一、面漆喷涂的种类

面漆喷涂根据分类标准的不同，其喷涂种类也各不相同。

（1）按单层的涂膜厚度可分为薄喷涂、中程度喷涂和厚喷涂。

（2）按喷涂成膜时的涂膜状况可分为粉状喷涂、干喷和湿喷。粉状喷涂，即中等涂量的中程度喷涂，只在处理局部敏感底材的场合时偶尔使用；干喷，喷涂成膜时，涂膜几乎不存在流动性，以手指轻轻触及，达到涂料不黏手指的程度；湿喷，喷涂成膜之后的一定时间内，涂膜呈现湿润状、有暂时的流动性，溶剂蒸发时间稍长。

（3）按照喷涂技法可分为标准喷涂、雾状喷涂和掩饰喷涂。标准喷涂，适用于实色漆、罩光清漆的喷涂和银底色漆的定色喷涂；雾状喷涂，用于在银底色漆完成定色喷涂后的喷涂，其主要作用是消除银底色漆喷涂时的色斑；掩饰喷涂（俗称"飞驳口"）适用于部分补修时新旧涂膜的过渡性接口，操作的关键在于"飞"字，即从新涂膜向旧涂膜过渡时喷涂涂层的渐薄、淡出技巧。

二、面漆涂装步骤

（一）面漆施工准备

面漆施工准备工作包括喷涂环境的清洁、待涂表面的准备、涂料的准备、喷涂环境温度的准备和喷枪的调试等内容。

1. 喷涂环境的清洁

（1）喷涂室除尘。先用除尘枪吹除喷涂室内部（包括天花板）的灰尘和碎屑，用水冲洗地板（见图6-2），防止灰尘飘浮在空气中，以防涂装表面落上尘粒，然后才能将汽车开入喷涂室。

（2）工作服除尘。涂装工作人员必须穿涂装工作服，以防将灰尘或碎屑带到汽车上。涂装前，涂装工作人员必须用空气除尘枪来自我吹拂（见图6-3），以吹去工作服上的灰尘和碎屑。

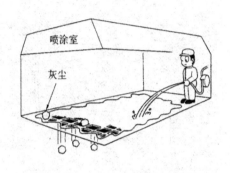

图6-2　清洁喷涂室

图6-3　工作服除尘

2. 待涂工作表面的清洁

（1）待涂工作表面的除尘、除水。用空气除尘枪，将压缩空气吹至要重涂的表面及相邻区域，如图6-4所示，以确保这些区域完全没有灰尘、污物及水气。一定要吹除发动机罩、行李箱盖或翼子板边缘间隙中的灰尘。除尘时，所用的压缩空气的压力要略高于喷涂时所用的压力，喷涂室要处于

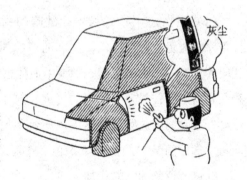

图6-4　待涂工作表面的除尘、除水

运作状态，否则吹动的灰尘又会再附着于汽车上。如果除尘工作做得不彻底，残留的灰尘或污物可能在喷涂时出现在表面上，从而产生颗粒。

（2）脱脂处理。在进行遮盖作业时，不管怎样注意，也难免有黏贴胶带、遮盖纸和手上的污物等粘附到被涂装表面。用研磨膏打磨后也会留下粉屑和油分，这些都必须清除干净。用浸有除油剂的棉布擦拭修补表面，使其湿润。用清洁、干燥的棉布将已浮起的油迹在除油剂干燥前擦除，如图6-5所示。操作时，一只手拿蘸了脱脂剂的布，另一只手拿干布，交替进行以提高速度。

（3）粉尘处理。在施涂面漆以前，用粘尘布轻擦要涂装的表面，如图6-6所示。在使用新粘尘布以前，先将它完全摊开，然后再将它轻轻折起来，以便粘尘布能更加适合物体的外形。如果粘尘布过于粘，可以将它放在阴凉处晾干一到两天。不要让粘尘布上的清漆留在车身的修补表面上，否则以后会使涂料起泡。所以，在擦拭涂装表面时，不要用太大的压力。

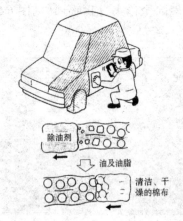

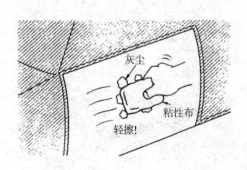

图6-5 待涂表面的脱脂处理   图6-6 待涂表面的粉尘处理

3. 涂料的准备

（1）涂料的搅拌。涂层产生缺陷的一个主要原因是颜料的沉淀，只有充分搅拌才能避免这种现象的发生。油漆中的沉淀物是颜料，各种颜料的密度是不相同的。有的颜料的密度是油漆中液体密度的7~8倍，静止状态下，颜料会沉积在容器底部；另一些颜料的密度比较小，很难下沉。于是，调好颜色的油漆经过一段时间的放置，必然出现颜色不均匀的现象，使用之前，必须将它搅拌均匀。常用的颜料能快速下沉的（密度大的）有白色、铬黄色、铬橙色、铬绿色、红色或黄色的铁氧化物。

（2）添加剂的添加。使用以防止涂膜故障为目的的添加剂时，应根据当时的情况，结合产品说明进行添加。对于硝基涂料使用的化白水、醇酸基涂料使用的催干剂、在涂膜发生鱼眼故障时使用的走珠水等往往需要视情酌量添加，需要有一定的实际操作经验。

（3）涂料的过滤。如图6-7所示，将喷枪的涂料杯置于涂料滤网下面，并将涂料倒入涂料滤网，继而漏入涂料杯。为了防止涂料漏出，涂料的充满量不要超过杯体容量的3/4。

将面漆加入枪罐时要用过滤网进行过滤，过滤网可以滤掉面漆中的小颗粒和灰尘等，使喷涂的面漆更加均匀。有些喷枪在漆罐与喷枪的导管部位安装有滤网，但是不要因为喷枪中有滤网就不过滤面漆。因为喷枪内滤网导管的通过面积很小，为保证供漆通常做得比较粗，只能过滤较大的颗粒。对于小一些的颗粒没有过滤作用，有时还会因阻塞而造成供漆困难，所以面漆必须要经过过滤网的过滤。

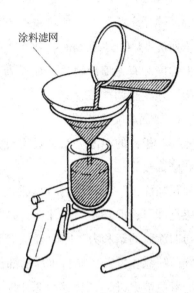

涂料滤网

图 6-7　涂料的过滤

（4）喷涂环境的温度准备。与喷涂有关的温度包括喷漆房的环境温度、车辆表面的温度和喷涂涂料的温度等。

喷漆房的环境温度一般以 20～25℃ 最为合适。在寒冷的冬季，由于开动循环风后进入喷漆房内的多为寒冷的空气，此时需要加热喷漆房内的温度；夏季喷漆房内温度与外界基本相同，此时一般通过选用较慢干的稀释剂、固化剂适当调整涂料的干燥速度来适应。

需要喷涂的车辆如果在喷涂之前放置在寒冷的室外，车身表面需要喷涂的区域温度会很低，直接喷涂会造成溶剂的挥发速度减慢，引起颜色协调和硬化等方面的问题，所以在喷涂时应首先将其放置在喷漆间内加温烘烤一段时间，使喷涂表面达到适合的温度。

在冬季施工时，涂料的温度也是非常重要的，需要对调配好的涂料进行保温或用热水加热的方法使涂料达到适合喷涂的温度。

（5）喷枪的使用与调试。面漆的喷涂要根据面漆的黏度选择适当口径的喷枪，以 HVLP（环保喷枪）重力式喷枪为例，选用 $\phi1.3～\phi1.5\text{mm}$ 口径的喷枪比较适合。喷涂黏度较大的涂料使用口径大一点的喷枪，喷涂黏度小的涂料使用口径稍小的喷枪。

喷枪要用面漆稀释剂清洗干净，在枪罐内加入少量的稀释剂，接上高压气管扳动枪机，以较大的气压使稀释剂喷出以清洁喷嘴部位，然后将剩余的稀释剂倒出。

在喷涂面漆以前要对喷枪的气压、出漆量和喷幅等做仔细的调整。为保证喷涂质量，还应做实验喷涂，以确定合适的喷涂距离、走枪速度和喷幅重叠程

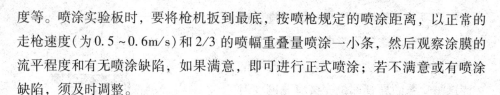

度等。喷涂实验板时，要将枪机扳到最底，按喷枪规定的喷涂距离，以正常的走枪速度(为 0.5 ~ 0.6m/s)和 2/3 的喷幅重叠量喷涂一小条，然后观察涂膜的流平程度和有无喷涂缺陷，如果满意，即可进行正式喷涂；若不满意或有喷涂缺陷，须及时调整。

（二）面漆喷涂步骤

同一板件的面漆喷涂一般需要经过 3 个步骤才能完成，即预喷涂，着色喷涂和修饰喷涂。

预喷涂(第一层喷涂)通常采用薄喷，涂膜不要太厚，以喷涂表面有一层雾的感觉即可，但必须均匀并保持良好的流平。喷涂这一层的目的，一是提高涂料与旧涂膜的亲和力，同时确认有无排斥涂料的部位，如果有就在该部位稍加大气压喷涂，覆盖住涂料排斥的部位。

着色喷涂(第二层喷涂)采用厚喷的喷涂方法，以保证足够的膜厚和良好的平整度、鲜映程度。该步骤要注意尽可能喷得厚一些，这是最终获得良好质量的基础，但同时要注意不能产生流挂。两层喷涂间隔的时间以第一层稍干即可，一般常温下为 10 分钟左右，也可以用手指轻触遮盖物上的涂膜，涂料不沾到手上的程度就可以喷涂第二层。两层喷涂间隔的时间不宜过长，如果第一层已经达到表干再喷涂第二层，第二层中所含的溶剂成分不能很好地溶解第一层表面，会造成两层之间不能很好地溶合。

修饰喷涂(第三层喷涂)主要的目的是调整涂膜的色调，同时要形成光泽。有时为了色调，要加入干燥速度慢的稀释剂；调整光泽，加入透明清漆。

（三）面漆的干燥

面漆喷涂结束后，静置 10 ~ 20 分钟，使涂膜中的溶剂挥发，以免产生涂膜缺陷，再用烤漆房或红外线烤灯进行面漆的干燥。一般情况下，面漆的干燥需在 60℃ 条件下干燥 30 分钟左右。

强制干燥结束后，要趁汽车车身还未冷却就揭去遮盖胶带和遮盖纸，这样可以保护好涂膜，方便省力。

若采用自然干燥方式，应在喷涂后 10 ~ 15 分钟，再揭去胶带纸。如果面漆是硝基类涂料，待涂膜干燥到能用手指触摸的程度，就可以揭去胶带纸，若待完全干燥后再揭，容易弄坏涂膜。

三、面漆喷涂的基本方法

1. 喷涂的基本走枪方法

在汽车修补涂装中，因被涂构件的形状各异，其走枪方法也不尽相同。下面以几种常见的构件为例，说明面漆喷涂的走枪方法。

（1）构件边缘和内角喷涂的走枪方法。构件边缘一般采用由右向左喷涂，喷枪的犄角与水平面平行，雾束以竖直的方式涂布在板件的边缘上，如图6-8所示。构件内角采用先由下而上，再由上向下的喷涂方法，喷枪的犄角与水平面垂直，喷出的雾束呈水平方向，如图6-9所示。

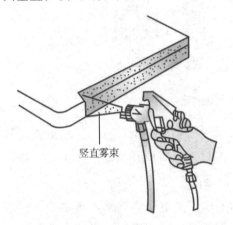

竖直雾束

水平雾束

图6-8　构件边缘喷涂　　　　　　图6-9　构件内角的喷涂

（2）圆柱构件喷涂的走枪方法。喷涂小圆柱和中型构件时，先从圆柱顶部自上往下再自下往上喷涂，分3~6道垂直行程喷完，如图6-10所示。喷涂大圆柱体时，先从左向右再由右至左喷涂，按照水平行程，依次喷完，如图6-11所示。

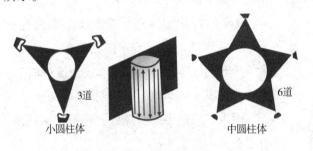

3道

小圆柱体

6道

中圆柱体

图6-10　小圆柱体、中圆柱体的喷涂　　　图6-11　大型圆柱体的喷涂

（3）棒状构件喷涂的走枪方法。喷涂狭长而直径不大的棒状构件时，最好将雾束调窄一些使之与构件相适合。然而很多漆工为了省事，不愿经常调整喷枪，而是将喷枪雾束的方位与棒状构件相适应，如图6-12所示，这样既可达到完全覆盖又不过喷的目的。

（4）大型平面喷涂的走枪方法。喷涂大型平面，如发动机罩、客车顶部和

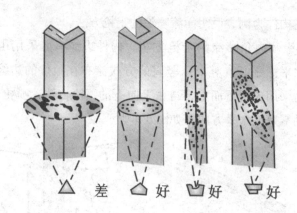

图6-12　狭长面的喷涂

后盖等，可以采用长而直立构件平面的走枪手法。从左至右移动喷枪至临近基材表面时扣动扳机，继续移动喷枪至离开基材表面时放开喷枪，这样可以获得充分润湿的涂层，而不会出现过喷或干喷的情况。

喷涂时，最好使用压送式喷枪。如果采用的是虹吸式喷抢，喷涂过程中需要倾斜喷枪时，要千万小心，不要让涂料滴落到构件表面上。为了防止涂料泄露或滴落，整个操作过程要平稳、协调，不要将涂料装得太满，涂料泄露出来时要立即用抹布或纸巾擦拭干净。

2. 不同板件的喷涂顺序

车身构件面漆的喷涂，一般都遵照从上到下、从左到右、从内到外喷涂的原则。但由于构件的形状和安装的不同，其喷涂顺序也不尽相同。

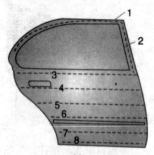

图6-13　车门的喷涂顺序

（1）车门的喷涂顺序。首先喷涂车门框的顶部，然后逐渐下移直至车门的底部。如果只喷涂一个车门，首先应该喷涂车窗边缘（车门的喷涂顺序见图6-13）。喷涂车门把手时应该特别小心，因为车门把手的缝隙处会存留很多油漆，油漆太多将会产生流挂。

（2）前翼子板的喷涂顺序。发动机罩的边缘和前翼子板的翻边应该首先喷涂，然后喷涂前大灯周围部分和面板的穹起部分，最后喷涂面板的底部，如图6-14所示。

（3）后翼子板的喷涂顺序。喷涂后翼子板时，首先喷涂后翼子板边缘，然后涂装人员站在翼子板的中间位置，以翼子板全长的行程喷涂面板（见图6-15）。如果翼子板过长，可以把这个区域分成两个部分，使用这种方法喷涂时，一定

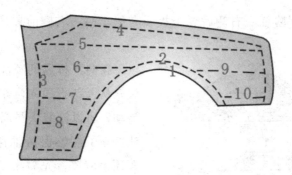

图 6-14　前翼子板的喷涂顺序

要特别注意中间的重叠不能太多，否则会发生流挂。

（4）发动机罩的喷涂顺序。首先喷涂发动机罩的边缘，然后喷涂发动机罩的前部，最后是在前翼子板的侧面，从中心开始向边缘进行喷涂，另一侧也使用相同的方法喷涂。后翼子板的喷涂顺序如图 6-16 所示。

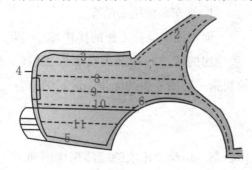

图 6-15　后翼子板的喷涂顺序

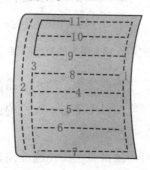

图 6-16　发动机罩的喷涂顺序

（5）汽车顶盖的喷涂顺序。为了方便对汽车顶盖进行喷涂，涂装人员应站在长凳上，以便能够到车顶的中心。首先喷涂一侧的风挡边缘，然后从中心到外边一侧喷涂，完成后再用相同的方法完成后部和侧面。汽车顶盖的喷涂顺序如图 6-17 所示。

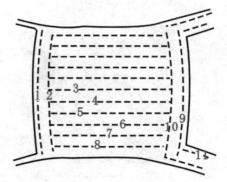

图 6-17　汽车顶盖的喷涂顺序

（6）整车的喷涂顺序。在横向排风的喷漆间里，车身离排风扇最远的地方应先喷涂，以保证附在喷漆表面的灰尘最小，使漆面更光滑。具体的喷涂顺序是：车顶盖→行李舱盖和后围板→左侧后翼子板→左侧车门→左侧前翼子板→

发动机罩→前保险杠→右侧后翼子板→右侧车门→右侧前翼子板，如图 6-18 （a）所示。

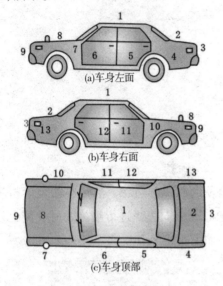

(a)车身左面

(b)车身右面

(c)车身顶部

图 6-18　整车的喷涂顺序

在向下排风的喷漆间里，因为空气是从天花板顶向汽车底部的检修坑流动，所以涂装人员必须改变喷漆方法。为了能够保持油漆边缘的湿润，车顶盖应该首先喷涂，接着是发动机罩和行李舱盖，然后对车身右侧喷涂，最后依次是后围板和左侧车身，逐渐向前移动直到全部完成，如图 6-18（b）所示。

四、轿车面漆施工的流程

1. 轿车面漆施工的准备

面漆施工准备工作的操作程序是：喷漆房的清洁→涂装人员工作服的清洁→车身表面的除尘、除水→待涂表面的脱脂→待涂表面的除尘→涂料的准备→喷涂环境的温度准备→喷枪的调整。

（1）清洁喷漆房

打开喷漆房开关，使喷漆房进入工作状态。用除尘枪吹除喷漆房周围和天花板上的灰尘和碎屑，用水冲洗地板，除去空气中飘浮的灰尘，如图 6-19 所示，然后将汽车开入喷漆房。

图 6-19　喷漆房的清洁

（2）清洁涂装人员的工作服

为了避免将灰尘和碎屑带到汽车上，涂装工作人员必须用除尘枪吹拂自己所穿的工作服，然后才能开始涂装。

（3）清除车身表面灰尘和水分

用空气除尘枪，将压缩空气吹向重涂表面和相邻区域，以确保这些区域完全没有灰尘、污物和水汽，如图6-20所示。注意：发动机罩、行李箱和翼子板之间的间隙中藏有很多灰尘，一定要清除干净。

（4）待涂表面的脱脂

用浸有除油剂的毛巾擦拭车身表面，使表面湿润。用清洁干净的毛巾

图6-20 车身表面的清洁

将浮起的油迹在除油剂干燥之前擦除，如图6-21所示。

（5）待涂表面的除尘

在施涂面漆之前，用粘尘布进行最后一道除尘，如图6-22所示。新的粘尘布在使用之前，先将它完全摊开，然后在将它轻轻折起来，以便粘尘布更加适合被涂表面的外形。用粘尘布除尘时，必须轻轻擦拭，先擦去被涂表面上的灰尘，然后再擦拭被涂表面边缘的遮盖纸。

图6-21 喷涂区域的除油

图6-22 用粘尘布除尘

（6）准备涂料

为了防止"鱼眼"缺陷的发生，向配制好的涂料中加入少量的"走珠水"并充分搅拌，然后将涂料过滤。选取180目的涂料过滤网，放于支架上，如图6-23所示。将喷枪的涂料罐放在过滤网下面，向过滤网中倒入涂料（见图6-24），涂料经滤网过滤后就直接流入喷枪的涂料罐中。

图 6-23　涂料滤网的放置位置

图 6-24　向滤网中倒入涂料

（7）喷涂环境的温度准备

打开喷漆房的喷涂模式开关，将喷涂环境的温度控制在 20～25℃之间（见图 6-25），预热 10 分钟。

图 6-25　喷涂环境温度

（8）调整喷枪

将空气喷枪的喷涂气压调整至 3kg/cm² ，将出漆量调整旋钮拧到底然后退出两圈，为第一层的预喷涂做好准备。

2．面漆的喷涂

轿车面漆的喷涂与干燥的程序是：预喷涂→着色喷涂→修饰喷涂。

（1）预喷涂

用 250mm 的喷涂距离对喷涂表面进行薄喷涂（见图 6-26），至涂层有少许光泽时停止喷涂，然后检查涂层表面有无缩孔。注意：涂层表面如果有缩孔，应提高喷涂压力，用干喷法再次喷涂表面，以便吹除缩孔。预喷涂后，等面漆闪干 6～10 分钟，就可以进行着色喷涂。

（2）着色喷涂

将出漆量调节旋钮再退出一圈，喷涂距离改为 200mm，进行面漆的着色喷涂。着色喷涂必须完全盖住底材，涂层表面要出现整体光泽（见图 6-27）。注意：如果底材没有完全被遮盖，一般情况下只需要重涂暴露的面积。这时要减小喷涂压力和出漆量，喷枪要靠近一些，以防相邻部位出现粗糙。着色喷涂要求尽可能喷厚一些，但不能因为追求涂层厚度而导致涂层产生流挂。

图 6-26　面漆的雾罩喷涂

图 6-27　面漆的着色喷涂

（3）修饰喷涂

向喷枪的涂料杯中加入干燥速度较慢的稀释剂，涂料黏度调整为 14～16s，适当减小喷涂压力，以着色喷涂相同的方法进行喷涂。面漆的修饰喷涂如图 6-28 所示。修饰喷涂的主要目的是调整涂层表面的色调和平整度，涂层表面光泽不够理想时可以适当加入清漆，以 14s 的涂料黏度再修整喷涂一次。

（4）面漆的干燥

面漆喷涂结束后，静置 15 分钟，使面漆固化，溶剂自然蒸发，然后将喷漆房升温，在 60℃ 下，干燥 35 分钟。面漆的干燥如图 6-29 所示。

图 6-28　面漆的修饰喷涂

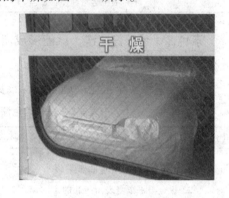

图 6-29　面漆的干燥

面漆干燥结束后，趁车身还未冷却之前，清除粘贴胶带和遮盖纸。

五、整车面漆喷涂工艺

1. 整车面漆喷涂工艺

涂料不同其性质差别也很大，所以喷涂前，首先必须弄清楚涂料的特性，根据说明书确定涂料的黏度、喷涂气压和喷枪运行速度；然后根据喷涂环境决定喷涂黏度和选择稀释剂。

(1)素色漆的整车喷涂工艺

素色漆的整车喷涂方法见表6-1。

表6-1　素色漆整车喷涂的方法

作业步骤	喷涂参数	喷涂方法
步骤1：预喷涂，提高附着力	(1)涂料黏度：16~20Pa.s(20℃) (2)喷涂气压：343kPa (3)喷束直径：全开 (4)喷涂流量：1/2~2/3开度 (5)喷涂距离：250~300mm (6)喷枪运行速度：快	以车身整体喷上一层雾的感觉，薄薄的预喷一层。喷这一层的目的，一是提高涂料与旧涂膜的亲和力，同时确认有无排斥涂料的部位，如果有就在该部位稍微加大气压喷涂，覆盖住涂料排斥部位
步骤2：着色喷涂，形成涂膜	(1)涂料黏度：16~20Pa.s(20℃) (2)喷涂气压：343kPa (3)喷束直径：全开 (4)喷涂流量：2/3~3/4开度 (5)喷涂距离：200~250mm (6)喷枪运行速度：适当	在该工序基本形成涂膜层，要达到一定的涂膜厚度。该工序要注意尽可能喷厚一些，这是最终获得良好表面质量的基础，但同时要注意涂膜过厚会产生流挂，涂膜厚度以不产生流挂作为标准
步骤3：表面色调和平整度的调整	(1)涂料黏度：14~18Pa.s(20℃) (2)喷涂气压：294~343kPa (3)喷束直径：全开 (4)喷涂流量：全开 (5)喷涂距离：200~250mm (6)喷枪运行速度：适当	第二次喷涂已形成了一定的膜厚，第三次喷主要目的是调整涂膜色调，同时要形成光泽，此时要加入透明涂料，有时为调整色调，要加入干燥速度慢的稀释剂

素色漆一般喷涂三次，就能形成所需要的膜厚、光泽和色调。如果色调还不满意的话，可将涂料稀释到14Pa.s，再喷涂修正一次。

(2)素色漆整车重涂的施工流程，见表6-2。

表6-2　轿车素色漆整车重涂的施工流程

工序	施工方法	质量要求	工具和材料	图示
施工前准备	1. 拆下影响涂装作业的部件 2. 钣金敲平车身表面凸起的缺陷 3. 用中性洗涤剂清洗全车，重点是挡泥板、车轮等表面的积灰和污泥除去油污、灰尘等杂物，再用清水清洗(见图示)并擦拭干净，干燥后等待施工	车身表面无污泥、油脂	1. 清洁工具 2. 清水、洗涤剂、抹布	

工序	施工方法	质量要求	工具和材料	图示
清除旧涂层	1. 找出车身表面所有的涂膜缺陷，并做好记号，以防遗漏； 2. 根据缺陷的具体情况，按需要清除旧涂层（见图示），对于附着力强、表面完好的旧涂层可免清除	开裂、龟裂、晶纹、起壳、粉化、脱落的旧涂层应该全部清除干净	1. 铲刀、钢丝刷、电动或气动打磨机、空气压缩机； 2. 40～80号砂纸若干	
打磨羽状边	1. 旧涂层清除完成后，在局部清除部位的边缘接口处，用机械打磨机打磨斜坡状的"羽状边"，见图示 2. 用手工或机械打磨的方法将车身仔细打磨一遍。作为整车重涂，对于不需要清除的旧涂层，必须进行彻底的打磨，以提高新涂层的附着力	所有有光泽的部位都要打磨，羽状边的打磨宽度应在20mm以上	1. 电动或气动打磨机 2. 砂纸若干	
打磨表面的清洁	1. 用压缩空气将打磨表面的灰尘吹干净，然后用干净抹布擦清表面 2. 在需要喷涂底漆的部位涂上除油剂，进行脱脂和除油，如图示	表面应清洁无尘，喷涂底漆的部位除油彻底	1. 除尘枪 2. 抹布、除油剂	
遮盖	1. 前窗遮盖：用两条宽约50cm的遮盖纸上下两层交叠在一起，遮住车前挡风玻璃，周边和中间交界处用粘贴胶带贴牢 2. 侧窗玻璃的遮盖：用宽约40cm的遮盖纸盖住玻璃及门框上的装饰件，周边用粘贴胶带粘牢（见图示） 3. 车轮用专用轮罩遮盖 4. 车灯和装饰条用窄型遮盖纸或粘贴胶带遮盖	非涂饰部位应全部遮盖严实	1. 遮盖纸供应机、美工刀、刮板 2. 遮盖纸、遮盖胶带	

工序	施工方法	质量要求	工具和材料	图示
喷涂底漆	1. 喷涂气压为 350～400kPa，涂料黏度调至 19～21s，重力喷枪口径选用 ϕ1.6mm，虹吸式喷枪选用 ϕ1.8mm，按涂料说明书调配好涂料，在规定的时间内用完 2. 底漆的喷涂一般为 1～2 道（见图示），每道时间间隔为 5～10分钟 3. 底漆层在 60～70℃下强制干燥的时间一般为 30 分钟，自然干燥（20℃）为 6～10 小时，干燥后要进行粗化处理	底漆层膜厚应为 35～40μm，表面无流挂、无露喷、无严重橘皮，不露底	1. 空气压缩机、喷枪、黏度计 2. 双组分丙烯酸底漆、稀释剂、固化剂	
原子灰的涂刮与打磨	1. 涂刮原子灰时，一次刮涂厚度不宜超过 5mm，对于缺陷较深部位，可进行多次重复涂刮，但每一层的涂刮结束后，层间应留有一定的干燥时间。原子灰涂刮的总厚度应略高于被涂物表面，以利于打磨。边角残余原子灰要及时收刮干净，边口要形成薄边，否则会增加打磨时的工作量和操作时间； 2. 打磨原子灰既可采用手工（见图示）也可采用机械打磨。打磨时应不时用手触摸表面，检查表面的平整与光滑程度，直至表面平滑、细腻为止	受损部位应全部涂刮原子灰，原子灰层的厚度应高于涂层表面，边口应无残余原子灰； 打磨后的表面应平整光滑，无残余原子灰和刮刀痕迹	1. 刮刀、混合板、搅拌杆、红外线烤灯、橡皮垫块、电动或气动打磨机、空气压缩机 2. 原子灰、固化剂、砂纸	

续表

工序	施工方法	质量要求	工具和材料	图示
原子灰的披刮与打磨	1. 检查表面修复情况，在涂刮原子灰部位再刮一层原子灰并收光（见图示），如果发现局部仍有砂眼、划痕、表面平整度不够等缺陷，应重复上述涂刮工序，直至符合质量要求为止 2. 打磨原子灰可采用手工打磨或机械打磨。打磨时应不时用手触摸，检查原子灰表面的平整与光滑程度，直至表面平滑光润细腻为止	无刮痕，无砂眼，表面平整、光滑，无残余原子灰	1. 刮刀、混合板、搅拌杆、红外线烤灯、橡皮垫块、电动或气动打磨机、空气压缩机 2. 原子灰、固化剂、砂纸	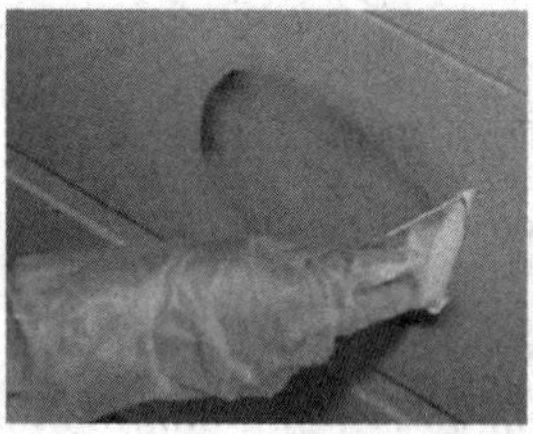
喷涂中涂底漆	1. 先在一块布上倒上除油剂在喷涂区域涂抹，然后用另一块布擦干净 2. 按技术要求配制好涂料，涂料 黏度调整至17~20s，用过滤网过滤；喷枪气压调整到300~350kPa，喷枪口径选用重力式喷枪为φ1.6mm，虹吸式喷枪为φ1.8mm。喷涂2~3道（见图示）。每道间隔5min，中涂漆的喷涂一次不宜太厚，否则影响溶剂的挥发速度 3. 喷涂完毕后，选择自然干燥或者强制干燥，具体干燥时间和温度需视中涂漆品种而定	表面清洁无油污 整车全部喷涂，膜厚40~50μm，表面无流挂、露底及严重橘皮现象	1. 空气压缩机、喷枪、过滤网、黏度计 2. 抹布、脱脂剂、双组分丙烯酸中涂底漆、稀释剂	

续表

工序	施工方法	质量要求	工具和材料	图示
打磨中涂底漆	1. 打磨中涂底漆可采用手工打磨或机械打磨(见图示)。可湿磨,也可干磨,具体可视实际情况而定。打磨时应不时用手触摸检查,打磨至表面平滑光润细腻为止 2. 查找缺陷,仔细检查一遍涂层表面是否有缺陷存在,如细小砂眼、划痕、碰伤和打磨痕迹等,如有缺陷,可用填眼灰(快干型)涂刮 3. 填眼灰干燥后,采用手工方法湿打磨,不宜采用机械打磨 4. 将车身外表面用清水彻底清洗干净,并用压缩空气吹干水迹,进烘房烘干(温度50~60℃)	打磨表面平整光滑,无细小砂眼、划痕、碰伤和打磨痕迹等,打磨部位无遗漏 表面清洁无尘灰,干燥彻底	1. 橡皮垫块、电动或气动打磨机、除尘枪、烘房、空气压缩机 2. 速干填眼灰、抹布、320~400号砂纸若干、清水	
面漆调色	1. 找出本田轿车车身颜色的配方 2. 按配方混合色母,并充分搅拌 3. 喷涂颜色样板,干燥样板 4. 将样板上涂膜的颜色与车身颜色相比较,找出颜色差别,见图示 5. 进行颜色的微调,直至与车身颜色基本一致为止	最终涂料成膜的颜色要与车身颜色基本一致或相当接近	1. 涂料搅拌机、调色电脑、调色天平、样板、喷枪等 2. 色母、稀释剂	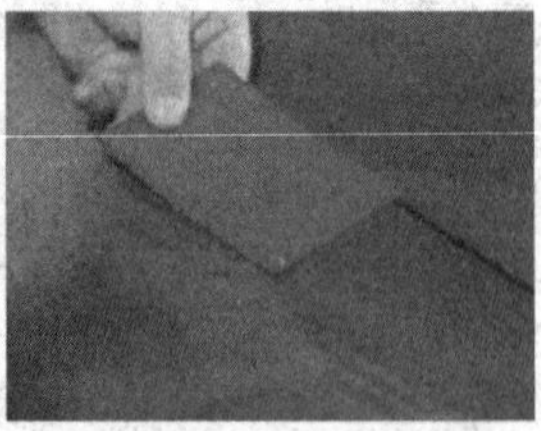

工序	施工方法	质量要求	工具和材料	图示
面漆喷涂前准备	1. 车身外表面用脱脂剂擦拭干净(见图示),检查遮盖纸是否有脱落现象,检查空气压缩机是否运转正常,检查喷枪是否完好 2. 双组分涂料的配比要准确,搅拌均匀后应静置10~15分钟后再使用,以避免涂层起泡 3. 喷涂前涂料必须用细筛网过滤 4. 喷涂为350~400kPa,涂料施工黏度为16~18s,用重力式喷枪口径 ϕ1.6mm,虹吸式为 ϕ1.8mm	确保喷涂的工具、设备完好,涂料准备得当,喷枪参数调整准确,喷涂表面清洁	1. 空气压缩机、喷漆房、喷枪、涂料杯、黏度计、涂料过滤网 2. 粘尘布、颜色调好的面漆、固化剂、稀释剂等	
底色漆的喷涂	1. 喷涂第一层时,要求薄而均匀,不宜喷得太厚;喷涂第二层(见图示)时要确定涂层色彩,喷涂时应比第一层喷得厚些,使涂膜达到一定的厚度,以不露底色漆为准。但应注意喷涂时每层之间应留有10~15分钟的间隔时间,以免产生流挂;喷涂第三层时,可在涂料中加入少量稀释剂,将黏度调整到15~17s,在表面均匀地喷涂一道,喷枪移动速度应稍慢些,目的是获得良好的表面涂层质量和光泽 2. 喷涂作业完毕后,间隔大约10分钟,升温干燥,最初升到40~45℃,保温10分钟左右,然后再升温到60~70℃,强制干燥20~30分钟 3. 干燥结束后,待车身温度未完全冷却之前,去掉遮盖物,本田轿车的重涂工作完成	施工场地应干净无尘、恒温恒湿。表面质量应达到涂层丰满、光亮、无颗粒、无擦伤碰坏、无流挂、无明显橘皮 干燥步骤和干燥时间应符合技术规范	1. 空气压缩机、喷枪、喷-烤漆房 2. 双组分丙烯酸聚氨酯涂料、稀释剂、固化剂	

（2）门板素色漆萨塔 HVLP 喷枪块喷涂工艺流程

查看板件有无损坏（第一，要检查凹陷和凸出的范围：目测要利用光源，或用手摸带上棉手套大范围用掌心轻轻摸，也可以用直尺检查。第二，要检查是否存在应力：拿拇指压，看是否回弹，依据回弹确定是否要收火）——做好劳动保护：戴手套、眼镜、口罩——吹尘——做好劳动保护：防护——除油——更换防护——将紫色擦光布安装在打磨头上——打磨磷化底漆——手磨边角——吹尘——换防护——除油——送入烤漆房——喷中途 1.2 一边（免磨中途可以提高效率和效果，P565-5601·605-5607 注意不同配方选用不同灰度等级，免磨底漆不需要打磨，用粘尘布粘尘即可继续下一步喷涂，P210-8430/844 高固含量标准快干，845 是慢干，调配比例是 2∶1∶0.5－1，混合后 1 小时用完，16 至 18 秒粘度，喷两层，再喷一层全湿层，膜厚 11 微米，烤干 30 分钟）——除尘——二遍——除尘——喷面漆白色 1.2 一遍——除尘——二遍——除尘——喷清漆，压力 1.5 一遍——二遍。

（3）门板素色漆萨塔 HVLP 喷枪块水性漆喷涂工艺流程

检查损伤——做好防护——用紫色的菜瓜布清理板件边缘和机械难以打磨的地方——选择 3 号打磨机（3mm 偏心距）打磨——400 号砂纸——500 号砂纸——灰色菜瓜布吸尘——吹尘——喷水清理——除油——移至烤漆房——除油——粘尘——喷中途——干喷面漆，基本无影，一遍，水性面漆喷涂参数：1.5，供漆量 2 圈，扇形四分之三，枪是水性 1.3 萨塔 4000 水性漆喷枪——不吹闪干——湿喷影子模糊——吹干，不吹干花——厚喷遮盖——吹干——去花斑喷涂——1 圈扇幅全开 1.1，慢喷——吹干——湿喷清漆，1.9 口径萨塔 3000 喷枪，压力 2.0 巴，退 2.5 圈，扇形四分之三——厚喷出光。

六、资讯

1. 翼子板损伤的特点：＿＿＿＿＿＿＿＿＿＿＿＿＿＿＿＿＿＿＿＿
＿＿＿＿＿＿＿＿＿＿＿＿＿＿＿＿＿＿＿＿＿＿＿＿＿＿＿＿＿＿＿＿
＿＿＿＿＿＿＿＿＿＿＿＿＿＿＿＿＿＿＿＿＿＿＿＿＿＿＿＿＿＿＿。

2. 翼子板损伤的常用的修补方法＿＿＿＿＿＿＿＿＿＿＿＿＿＿＿＿＿。

3. 翼子板块修补的流程：＿＿＿＿＿＿＿＿＿＿＿＿＿＿＿＿＿＿＿＿
＿＿＿＿＿＿＿＿＿＿＿＿＿＿＿＿＿＿＿＿＿＿＿＿＿＿＿＿＿＿＿＿
＿＿＿＿＿＿＿＿＿＿＿＿＿＿＿＿＿＿＿＿＿＿＿＿＿＿＿＿＿＿＿。

4. 翼子板块修补各个阶段的操作工艺和参数：＿＿＿＿＿＿＿＿＿＿
＿＿＿＿＿＿＿＿＿＿＿＿＿＿＿＿＿＿＿＿＿＿＿＿＿＿＿＿＿＿＿＿
＿＿＿＿＿＿＿＿＿＿＿＿＿＿＿＿＿＿＿＿＿＿＿＿＿＿＿＿＿＿＿＿

_____

_____

_____

_____ 。

七、决策

1. 进行学员分组，在教师的指导下，探讨练习翼子板的块修补。

2. 各小组选出一名负责人，负责人对小组任务进行分配。组员按负责人要求完成相关任务内容，并将自己所在小组及个人任务内容填入表6-3中。

表6-3　小组任务

序号	小组任务	个人职责(任务)	负责人

八、制订计划

根据任务内容制订小组任务计划，简要说明翼子板素色漆块修补流程和方法，并将操作步骤填入表6-4中。

表6-4　翼子板块修补工艺流程

序号	作业内容	操作工艺
1		
2		
3		
4		
5		
6		
7		
8		
9		
10		
11		
12		
13		
14		
15		

九、实施

1. 实践准备，见表 6-5。

表 6-5　实践准备

场地准备	硬件准备	资料准备	素材准备
四工位涂装实训室、对应数量的课桌椅、黑板 1 块	各种原子灰、翼子板 30 块、喷枪 6 把、打磨工具 6 套、耗材若干和素色漆色母 1 套	安全操作规程手册和 PPG 素色使用说明	素色漆块修补视频

翼子板素色漆的块修补，并完成项目单填写，见表 6-6。

表 6-6　块修补

操作内容	使用的设备和工具	操作方法	注意事项

十、检查

在完成翼子板素色漆块修补后，请将操作的结果填写在表 6-7 中。

表 6-7　检查

检查过程：

检查结果：

十一、评估与应用

思考：写出如何进行翼子板素色漆块修补？翼子板素色漆块修补的注意事

项有哪些？见表6-8。

表 6-8　评估与应用

记录：

学习任务二　素色漆的点修补工艺流程

【学习目标】

1. 熟悉门板点修补工艺流程。
2. 掌握门板点修补工艺。
3. 能根据损伤的情况正确选用点修补。

【学习内容】

1. 能够掌握门板点修补的选用。
2. 掌握点修补的操作流程和工艺。
3. 素色漆的点修补工艺流程。

一、局部修补喷涂工艺

局部修补即对车身的某一局部进行涂装修理，大多数需要进行修补涂装的车辆都属于这种情况。局部修补喷涂的关键是解决局部喷涂的颜色逐步过渡，使之与周围部位的颜色一致，表面流平效果相同。

1. 素色漆的局部修补喷涂工艺

素色漆的局部修补喷涂以丙烯酸聚氨酯涂料为例，讲述其作业要点和作业方法，见表6-9。

表6-9　素色漆局部修补喷涂的作业要点和作业方法

作业步骤	作业要点	作业方法	图示
步骤1：喷涂前的准备	（1）喷涂前打磨 （2）除水、清洁 （3）遮盖 （4）脱脂、除油 （5）除尘 （6）按 4∶1∶30%～40%的比例配制涂料	用中等粒度的砂纸湿打磨喷涂部位，用研磨膏打磨喷涂部位与旧涂膜的交界处；打磨后要用脱脂剂清除油分和污垢，最后使用带黏性的布，仔细除去细小的粉尘	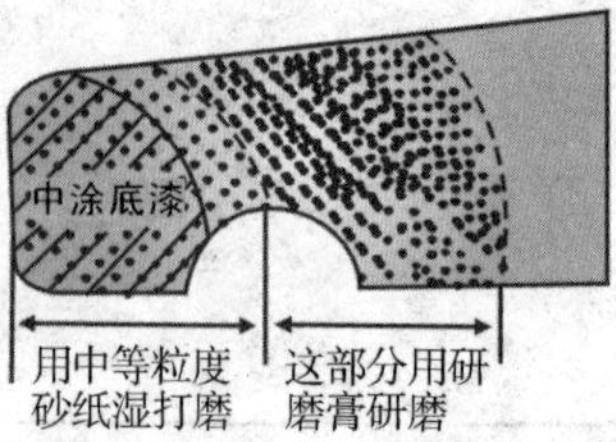 中涂底漆 用中等粒度砂纸湿打磨　这部分用研磨膏研磨
步骤2：局部修补喷涂	（1）第一层预喷 （2）第二层着色喷涂，一、二两层涂料的喷涂黏度为 14～16Pa.s （3）第三层修饰喷涂，涂料黏度为 13～14Pa.s，修补操作喷涂气压为 245～294kPa，喷涂距离为250mm，雾束开度和出漆量根据修补面积的大小调整，修补面积小，则适当减小	第一次喷涂薄薄的一层，以提高底层和旧涂膜与涂料的亲和力；第二次喷涂比第一次喷涂稍宽一些，并在湿的状态下定出色彩；第三次喷涂比第二次要喷得更宽些，以获得高的表面质量	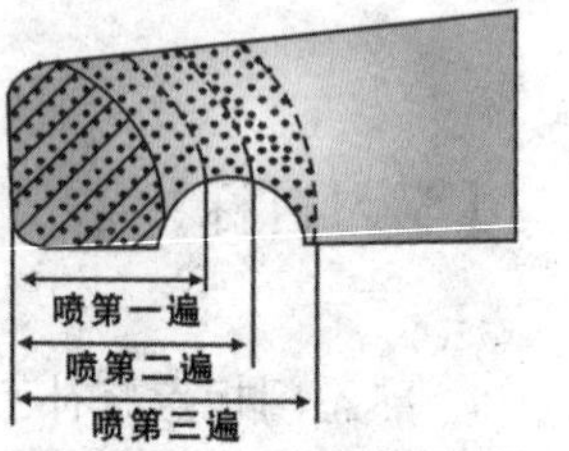 喷第一遍 喷第二遍 喷第三遍
		喷枪采用圆周运动方式操作，使喷枪从中心向外移动。操作时，适当减少喷枪的出漆量和喷涂气压	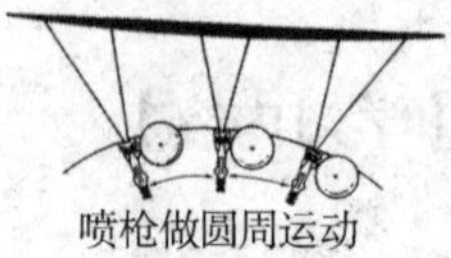 喷枪做圆周运动 喷枪做圆周运动
步骤3：修补边缘的晕色	（1）用30%的聚氨酯磁漆，加入70%的稀释剂进行修补边缘晕色 （2）晕色处理后的干燥	将稀释后的聚氨酯涂料或专用"驳口水"薄薄地喷涂在新喷漆层与旧漆层的交界处，注意不要喷得太多，否则会出现流挂。 晕色处理后一定要强制干燥，一般在 60℃下，干燥30分钟即可	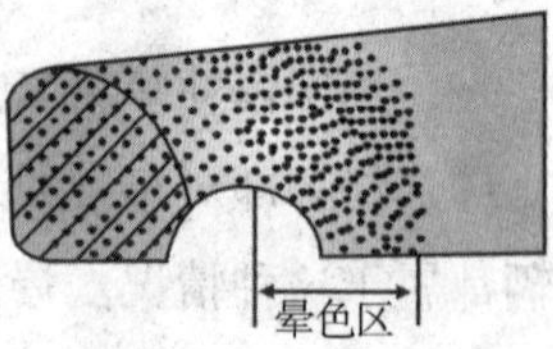 晕色区

二、素色漆喷涂施工前的准备

1. 喷涂前打磨

选用 400 号砂纸，对喷涂了中涂底漆的表面及边缘部位进行人工湿打磨，模糊中涂底漆边缘的界限，清洁表面。

2. 除水、清洁

用除尘枪将压缩空气吹向翼子板表面，除去表面的水分，然后用干抹布将整块翼子板擦拭一遍。

3. 遮盖

此处为单个翼子板喷涂，不需要进行喷涂前的遮盖。

4. 脱脂、除油

将除油剂倒在除油布上，在翼子板的喷涂区域擦拭。趁除油剂未干，用另一块干除油布擦除除油剂，清除涂装表面的油分和污垢。

5. 除尘

将粘尘布折叠成适合擦拭的形状，轻轻擦拭喷涂表面，仔细除去细小的粉尘。

6. 准备涂料

将颜色调好的涂料以 2∶1 的比例加入固化剂，加入 10% ~ 15% 的稀释剂，将涂料黏度调制 14 ~ 16Pa.s，充分搅拌后过滤，为面漆喷涂做好准备。

三、局部修补喷涂

1. 预喷涂

选用口径为 1.3mm 的喷枪，将喷涂气压调整到 125kPa，将出漆量调整螺钉拧到底，然后退出 3/4 圈，采用 100 ~ 150mm 的喷涂距离进行预喷涂，如图 6-30 所示。预喷涂的喷涂范围（见图 6-31）只需要盖住中涂底漆层，形成一道均匀的薄膜即可。注意：预喷涂后要检查喷涂表面有无"鱼眼"，如果有"鱼眼"产生，则提高喷涂气压，用干喷的方法再次喷涂该表面，以便吹除或覆盖"鱼眼"。

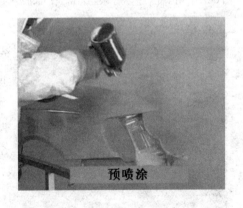

预喷涂

图 6-30　翼子板的预喷涂

预喷涂闪干 5 分钟后，用手指触摸翼子板修补区域下方隐蔽的部位（见图

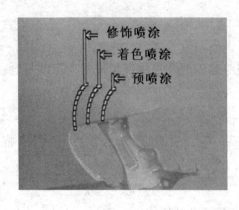

图 6-31　预喷涂的范围

6-32），如果面漆没有沾在手上，就可以进行第二层的着色喷涂了。

2. 着色喷涂

将喷枪的出漆量调整螺钉再退出1/4 圈，在其他喷涂参数不变的情况下对翼子板进行着色喷涂。着色喷涂需要喷涂多道，直至中涂底漆完全被遮盖为止，如图 6-33 所示。注意：着色喷涂时，每一道喷涂面积都要比前一道大，每道之间都要留有闪干时间；喷涂的相邻区域必须用沾尘布擦去喷涂的漆末。

图 6-32　用手指触摸翼子板隐蔽部位的涂膜

图 6-33　翼子板的着色喷涂

3. 修饰喷涂

图 6-34　翼子板的修饰喷涂

将喷枪的喷涂参数调回到预喷涂时的状态，仔细施涂涂料（见图 6-34 所示），以产生均匀的纹理和光泽。修饰喷涂的喷涂面积稍宽于着色喷涂，如图6-35所示。

四、修补边缘的晕色处理

为了消除修补痕迹，实现修补区域与原涂层颜色平稳的过渡，修补边缘一定要进行晕色处理。晕色处理必须分两次进行，即第一次晕色和第二次晕色。两次晕色处理的范围也有所不同，第二

次晕色处理的范围要比第一次晕色处理
大，如图6-36所示。

1. 第一次晕色处理

按照涂料制造商的规定，在涂料中
加入大约等量的驳口水或稀释剂，如图
6-36所示。排除留在喷枪通道上的稀释
剂，将手指放在气罩上，让空气回流
（见图6-37），然后在喷涂前搅拌稀释剂。
将喷枪的出漆量调整螺钉退出1/4圈，沿
重涂区边缘仔细地进行喷涂（见图6-38），使漆雾与修饰边缘很好地溶合。

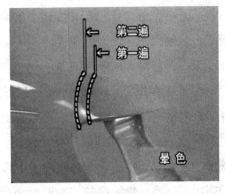

图6-35　晕色处理的范围

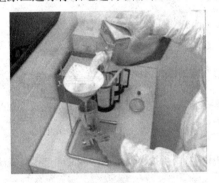

图6-36　在喷枪中加入等量的稀释剂

图6-37　把手指放在气罩上

2. 第二次晕色处理

再次在喷枪中加入等量的稀释剂，喷涂2～3次让漆雾形成。晕色的要点就
是扩大喷涂区域，以便涂膜逐渐变薄。如果一次喷涂得很厚，稀释的涂料很容
易形成流挂和"鱼眼"。为了避免这种后果，必须一边仔细察看涂膜的纹理，一
边调整喷枪。当晕色区的光泽逐渐消退时（见图6-39），晕色完成。

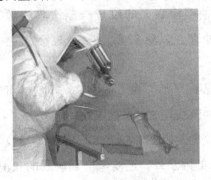

图6-38　喷涂边缘的晕色处理

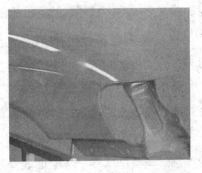

图6-39　晕色区域的光泽逐渐消退

注意：晕色处理应在尽可能小的面积内进行，晕色表面一定不能有粗糙的斑点，否则经不住彻底的抛光。

五、局部修补的喷涂方法

为了在修补之后使修补部位与其周围未修补部位达到视觉上颜色无差异，在修补喷涂时需要使颜色有一个逐渐过渡的区域，让颜色逐渐变化。喷涂颜色过渡区域一般采用"挑枪"的喷涂方法，即在喷涂时以手臂的肘部为轴，或摆动腕部，使喷枪对喷涂表面的距离发生圆弧形变化（见图6-40），对需要修补部位的距离近一些，喷涂比较实，而对颜色过渡区域逐渐变远，漆雾逐渐变淡，如图6-41所示。这样喷涂边缘将形成一个逐渐过渡的颜色变化区域，最终与周围未修补区域相融合。

图6-40　"挑枪"喷涂的方法

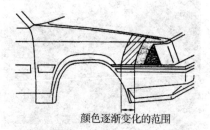

颜色逐渐变化的范围

图6-41　挑枪法使过渡区域的颜色逐渐变淡

颜色过渡也可以采用其他方法实现，例如采用许多短行程，从中心部位向外喷涂。采用这种方法喷涂时，需要逐渐扩大每一次的喷涂范围，以便和上一次喷涂稍有重叠，每一次喷涂都要适当调整气压和喷幅，使之逐渐减小，以达到喷雾逐渐变淡的目的，有时还需要根据情况适当改变出漆量。

六、局部修补喷涂的修饰技巧

板件经过着色喷涂涂膜达到一定的厚度以后，为了获得良好的表面质量，素色漆必须调整喷涂表面的纹理，使喷涂表面的纹理与原涂膜纹理基本一致；金属闪光漆必须进行"消斑"处理，以达到新旧涂膜表面颜色的协调。

新车涂膜的水平表面纹理一般比垂直表面平滑，为了适应这一事实，可以通过改变喷涂条件达到目的。喷涂条件与涂膜纹理的关系见表6-10。

在调整纹理前，一定要对比新旧涂膜纹理，如图6-42所示，找出涂膜纹理的差别。调整纹理时，除考虑表6-10所示的因素外，还要考虑到底材的状况，用硝基中涂底漆处理的涂装表面，面漆涂膜容易产生较粗糙的纹理；在氨基甲

表 6-10 喷涂条件与涂膜纹理的关系

纹理 喷涂条件	凸纹数目		凸纹高度	
涂料黏度	低	高	高	低
喷涂速度	快	慢	慢	快
喷口直径	小	大	大	小
稀释剂挥发速度	—	—	快	慢
喷涂压力	高	低	低	高
静置时间	—	—	长	短

酸乙酯中涂底漆层的表面喷涂面漆，可以产生相当于新车涂层的涂膜；着色喷涂中，喷涂了过多的磁漆容易产生粗糙的纹理。一般情况下，减小喷涂距离、增加喷涂量、增大涂料的稀释比例都会产生较湿的涂层和较光滑的纹理。但必须注意，增大涂料的稀释比例对涂膜纹理变化不明显，对慢干清漆纹理的调整不起作用。

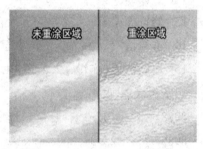

图 6-42 新旧涂膜纹理的对比

七、门板素色漆萨塔 HVLP 喷枪点修补工艺流程

检查损伤在可修补区域——防护——除尘——除油——80 目砂纸除旧漆——120 目砂纸打磨羽状边，大小便于打磨和尽量小——除尘——除油——刮涂原子灰——磨原子灰——外扩——除尘——除油——贴护——送入烤漆房——压力 0.8 薄喷中途区域在原子灰区域（在原有面漆没有干的时候，如果中途喷涂湿厚，容易咬底，所以，先薄薄喷两层，再喷后一层，或者再喷两层）——出去贴护——吹尘——除油——加软垫用 500 号砂纸磨中途一次——磨到边缘雾化——喷水性研磨膏——用灰色色擦光布沾上研磨膏磨清漆（清漆磨不要磨透，否则，再喷面漆容易咬底）——送入烤漆房——第一次薄薄喷一层面漆（压力 0.6）——粘尘——喷第二次面漆（压力 0.6）——用力粘尘（去除飘漆点）——过渡（压力 0.6）——用力粘尘——喷清漆，压力 1.5。

八、门板素色漆萨塔 HVLP 喷枪块水性漆点修补工艺流程

1. 磨边，使用 1000 号金属棉。

2. 800 号砂纸加软垫磨去清漆，减薄。

3. 500 号砂纸打磨中途，清漆过渡的扩两倍，不过渡的只打磨中途。

4. 加水。

5. 1000 号金属纱棉磨表面和边缘。

6. 灰色菜瓜布打磨头除尘。

7. 加水擦净。

8. 除油。

9. 干喷面漆——粘尘。

10. 半湿喷面漆——粘尘。

11. 厚喷面漆——粘尘。

12. 过渡面漆。

13. 修饰面漆。

14. 雾罩清漆。

15. 厚喷清漆(实慢，2.5 圈、1.6~1.8、全开、4000RP)。

黑灰金属漆配方：

8988	105.2
8985	25.3
8930	9.7
8991	3.7
8902	3.5
8920	3.7
8908	5.3
8910	10.1
8948	39

九、资讯

1. 门板边缘局部损伤的特点：＿＿＿＿＿＿＿＿＿＿＿＿＿＿＿＿＿＿＿＿＿

＿＿＿＿＿＿＿＿＿＿＿＿＿＿＿＿＿＿＿＿＿＿＿＿＿＿＿＿＿＿＿＿＿

＿＿＿＿＿＿＿＿＿＿＿＿＿＿＿＿＿＿＿＿＿＿＿＿＿＿＿＿＿＿＿＿。

2. 门板边缘局部损伤的常用的修补方法＿＿＿＿＿＿＿＿＿＿＿＿＿＿＿＿。

3. 门板边缘局部修补的流程：＿＿＿＿＿＿＿＿＿＿＿＿＿＿＿＿＿＿＿＿

＿＿＿＿＿＿＿＿＿＿＿＿＿＿＿＿＿＿＿＿＿＿＿＿＿＿＿＿＿＿＿＿＿

＿＿＿＿＿＿＿＿＿＿＿＿＿＿＿＿＿＿＿＿＿＿＿＿＿＿＿＿＿＿＿＿。

4. 门板边缘局部各个阶段的操作工艺和参数：_____

_____

_____

_____

_____

_____

_____

_____

_____

_____

_____

_____ 。

十、决策

1. 进行学员分组，在教师的指导下，探讨练习门板的边缘局部修补。

2. 各小组选出一名负责人，负责人对小组任务进行分配。组员按负责人要求完成相关任务内容，并将自己所在小组及个人任务内容填入表 6-11 中。

表 6-11　小组任务

序号	小组任务	个人职责（任务）	负责人

十一、制订计划

根据任务内容制订小组任务计划，简要说明门板素色漆边缘局部修补流程和方法，并将操作步骤填入表 6-12 中。

表 6-12　门板快修补工艺流程

序号	作业内容	操作工艺
1		
2		
3		
4		
5		
6		
7		
8		
9		
10		
11		
12		
13		
14		
15		

十二、实施

1. 实践准备，见表4-13。

表 6-13　实践准备

场地准备	硬件准备	资料准备	素材准备
四工位涂装实训室、对应数量的课桌椅、黑板一块	各种原子灰、门板30块、喷枪6把、打磨工具6套、耗材若干和素色漆色母1套	安全操作规程手册和PPG素色使用说明	素色漆边缘局部修补视频

2. 门板素色漆的边缘局部修补，并完成项目单填写，见表6-14。

表 6-14　边缘局部修补

操作内容	使用的设备和工具	操作方法	注意事项

十三、检查

在完成门板素色漆边缘局部修补后，请将操作的结果填写在表6-15中。

表 6-15　检查

检查过程：

检查结果：

十四、评估与应用

思考：写出如何进行门板素色漆边缘局部修补？门板素色漆边缘局部修补的注意事项有哪些？

表 6-16　评估与应用

记录：

学习情境七　翼子板银粉漆施工

学习目标

1. 熟悉翼子板银粉漆的块修补和点修补的工艺流程。
2. 掌握银粉漆喷涂参数和方法。
3. 能根据车身底材正确选用原子灰刮涂工具和方法。
4. 熟悉原子灰刮涂、打磨所需要的工具和材料。
5. 掌握原子灰刮涂、干燥和打磨的操作方法。
6. 能熟练进行原子灰的刮涂与打磨操作。
7. 了解喷漆房、烤漆房和烘干设备的结构类型和特点。
8. 掌握喷漆房、烤漆房和烘干设备的使用和维护方法。
9. 能正确使用喷漆房、烤漆房和烘干设备进行涂装操作。

情境导入

一轿车银粉漆翼子板受损，现在需要进行翼子板的损伤修补，如图7-1所示。在修补时，首先必须正确选择维修的方法。因此，本节的中心任务就是块修补和局部修补的维修工艺。

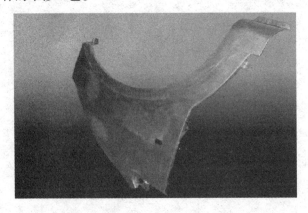

图7-1　待刮涂原子灰的车身翼子板

学习任务一　银粉漆的块修补工艺流程

【学习目标】

1. 熟悉翼子板块修补工艺流程。
2. 掌握翼子板块修补工艺。
3. 能根据损伤的情况正确选用块修补和点修补。

【学习内容】

1. 能够掌握翼子板块修补和点修补的选用。
2. 掌握块修补的操作流程和工艺。

一、遮盖所需要的材料和工具

车身上不需要重新喷漆的部位必须进行有效的遮盖。遮盖不当，漆雾将会落到这些地方，影响该部位面漆的原有质量。特别是使用双组分涂料时遮盖工作显得更加重要，因为一旦这些类型的涂料落到不需要重新喷漆的部位干燥后，除非进行抛光，否则无法清除干净。所以遮盖工作是喷漆前非常重要的一项工作，一定要采用专用材料细心遮盖。

1. 遮盖材料及选用

遮盖所需要的材料有遮盖纸、遮盖胶带和缝隙胶条等。

（1）遮盖纸、塑料遮盖膜和遮盖覆盖罩

遮盖纸。汽车用遮盖纸具有耐热性、良好的抗湿性和防溶剂渗透性，遮盖效果好。遮盖纸有不同的宽度，其宽度范围为 76～900mm。汽车涂装常用遮盖纸如图 7-2 所示。遮盖纸一般装在遮盖纸供应机上，进行遮盖操作时，遮盖纸供应机可以将遮盖胶带附在遮盖纸上，只要从供应机中拉出适量的纸即可。

塑料遮盖膜。塑料遮盖膜是很薄的乙烯材料，其宽度一般比遮盖纸宽。因此，它特别适用于盖在工作表面周围大的表面上，防止喷涂外溢。汽车涂装用塑料遮盖膜如图 7-3 所示。

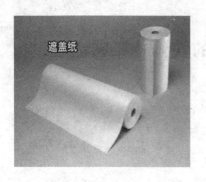

图7-2 遮盖纸

图7-3 塑料遮盖膜

遮盖覆盖罩。遮盖覆盖罩用于罩住整部汽车或汽车的某个部件，而仅暴露需要涂装的部分。这些覆盖罩可以反复使用。轮胎还覆盖罩就是一个鲜明的例子。汽车轮胎覆盖罩如图7-4所示。

（2）遮盖胶带

汽车用的遮盖胶带必须能抗热和抗溶剂，而且其黏合胶应该在剥落以后不会黏在车身表面上。遮盖胶带有普通遮盖胶带和缝隙胶带两种。在市场上供应的种类繁多的遮盖胶带中，必须按所进行的工作的类型选用合适的遮盖胶带。

普通遮盖胶带。普通遮盖胶带有用于空气干燥涂料胶带，用于强制干燥涂料胶带、用于烤漆胶带。按底材的不同常用的有纸质和塑料质胶带。胶带的宽度范围为6~50mm，宽的胶带不易操作，应尽量少用，细小的弯曲面使用窄胶带。常用普通遮盖胶带如图7-5所示。

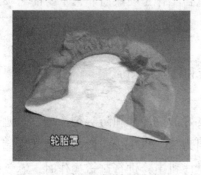

图7-4 汽车轮胎覆盖罩

图7-5 普通遮盖胶带

缝隙胶带是一种遮盖材料，是用来遮盖钣金件之间的缝隙，防止飞漆进入车身内部。常用的缝隙胶带如图7-6所示。缝隙胶带用聚氨酯泡沫体，并加入黏合剂而制成，因此简化了有缝隙区域的遮盖。缝隙胶带（聚氨酯胶带）。呈圆柱形，因此可以防止喷涂台阶，使涂装的表面很容易打磨。

图 7-6　常用的缝隙胶带

图 7-7　遮盖纸供应机

（3）遮盖材料的选用

在使用胶带和遮盖纸时，首先要选择合适宽度的胶带和遮盖纸，然后才能进行遮盖操作。

遮盖纸和遮盖胶带通常按照下面的要求进行选择：

遮盖汽车挡风玻璃时，应使用两层 380mm 或 457mm 的遮盖纸。遮盖汽车侧窗时，选用宽 300mm 或宽 380mm 的遮盖纸。遮盖各种形状和宽度的网栅、保险杠需要使用不同宽度的遮盖纸，最常用的宽度是 152mm、228mm、30mm、380mm。遮盖车门侧柱的周围应使用宽 152mm 的自带黏性遮盖纸。遮盖外反光镜可以使用宽 50mm 或 150mm 的遮盖纸。遮盖尾灯时，应使用宽 152mm 或宽 228mm 的遮盖纸。遮盖汽车天线时，一般选用宽 76mm 的自带粘性的遮盖纸。保护车轮，可用两块宽 457mm 的遮盖纸包好。保护行李箱的内侧需使用 2～3 块宽度为 900mm 的遮盖纸。遮盖车门把手时，可以使用宽 19mm 的胶带。遮盖镀铬件时，选用宽 19mm 或者更宽的胶带。遮盖文字或标记时，应使用宽 3mm 或 6mm 的胶带。

2. 遮盖所需要的设备和工具

遮盖时所需要的设备和工具有遮盖纸供应机和美工刀。遮盖纸供应机能提供适量的遮盖纸，同时还可以将遮盖胶带黏附在遮盖纸上，极大地提高遮盖的工作效率，节省了工作时间。遮盖纸供应机可以装不同宽度和类型的遮盖纸卷，有的还可以装塑料遮盖膜卷。美工刀用来分割遮盖胶带，切除遮盖边界胶带不平滑的部分，在实际的遮盖工作中非常实用。

二、喷涂前遮盖的方法

1. 遮盖边界的选择和遮盖操作基本方法

（1）遮盖边界的选择

遮盖边界即分隔重涂区与非重涂区的边界。遮盖边界选择正确与否直接关

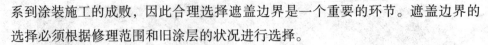

系到涂装施工的成败，因此合理选择遮盖边界是一个重要的环节。遮盖边界的选择必须根据修理范围和旧涂层的状况进行选择。

遮盖边界的选择一般应遵循以下几个原则：

①板件重涂选择板件边缘缝隙作为遮盖边界；

②板件之间（填充了车身封闭剂）没有缝隙，可以将车身密封剂处作为遮盖边界，但此处必须采用反向遮盖的方法；

③板件部分重涂则将板件特征线作为遮盖边界，遮盖边界处采用反向遮盖；

④板件平面点重涂，遮盖边界必须通过反向遮盖限定在给定的车上板内。

（2）遮盖操作基本方法

遮盖操作时，应一只手固定胶带，另一只手扯紧并撕下胶带。这样既可以使胶带黏紧，又可以改变胶带粘贴的方向，同时还能方便缠绕边角等部位。扯断胶带时，拇指应迅速向上撕，可以很容易地扯断胶带。这样操作可以获得干净的截面，并使胶带不受任何拉伸。

风窗玻璃的遮盖如图7-8所示。用两条宽各约500mm和200mm的遮盖纸在搭接处上、下两层交叠在一起遮盖住车窗玻璃，周边和上、下两层交接处用胶带黏牢。

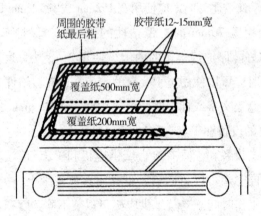

图7-8　挡风玻璃的遮盖

2. 遮盖方法

根据喷涂的工序和喷涂的要求不同，遮盖时也应采用不同的遮盖方法。

（1）施涂中涂底漆时的遮盖

由于施涂中涂底漆所用的空气压力低于施涂面漆的空气压力（以尽可能减少喷涂外溢），所以工件表面的遮盖工序比较简单。通常使用反向遮盖法，以防止

图 7-9　喷涂中涂底漆时的遮盖

产生喷涂台阶，如图 7-9 所示。所谓反向遮盖方法是指遮盖纸在敷贴时里面朝外，所以沿边界黏有一薄层漆雾。这种方法用于尽可能减小台阶，使边界不太引人注目。反向遮盖也经常用于车身板件上小面积重涂时的遮盖。遮盖边界通常处于板件的特征线和板件边缘封闭剂处，板件小面积重涂时特征线上的反向遮盖如图 7-10 所示。

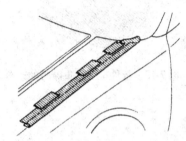 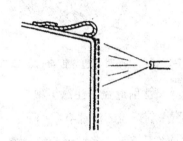

图 7-10　板件小面积重涂时的反向遮盖

（2）块重涂时的遮盖

为了进行成块重涂，翼子板或车门之类的板件必须单独遮盖。如果板块有孔口（例如供放装饰件用的孔，如图 7-11（a）所示，或板件之间的缝隙，如图 7-11（b）所示，它们必须遮盖，以防漆雾进入这些区域，如果覆盖孔口有困难，那么可以从里面遮盖孔口，从而防止漆雾黏至内部部件上。

(a)板件孔眼的遮盖　　　　　　　　　(b)板件边缘缝隙的遮盖

图 7-11　块重涂的遮盖

（3）点重涂的遮盖

重涂没有边界的钣金件。当重涂没有边界的钣金件时（如图 7-12 所示的情况），得用反向遮盖法来重涂板件。为了确保涂料喷涂不会产生喷涂台阶，该区域必须用反向遮盖方法加以遮盖。

重涂翼子板尾端。为了重涂翼子板的尾端，该区域必须用点重涂方法进行重涂。由于点重涂的涂装面积小于块重涂，仅遮盖翼子板的尾端部分就足够了（如图 7-13 所示）。

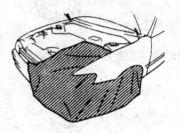

图 7-12　点重涂时无边界钣金件的遮盖　　　图 7-13　板件尾部点重涂时的遮盖

3. 喷涂前遮盖的注意事项

喷涂前遮盖的注意事项如下：

①使用任何遮盖材料都必须彻底清洁车身表面，吹净车身上的所有灰尘。特别脏的部位要彻底清洗，然后用除油剂清洁要遮盖的表面（如图 7-14 所示）。如果车身表面不干净或不干燥，胶带就无法黏住，则将胶带压紧在车身表面上使其黏牢，否则涂料溶剂就会在胶带下流动。对于需要喷涂两种不同颜色的情况，如果颜色的断层不是用装饰带或嵌条掩盖，压紧胶带就更加重要了。

②如果喷涂车间又冷又湿，几乎没有空气流动，胶带可能无法粘紧玻璃或镀铬件。这是因为在这些部件的表面已经形成了一层不可见的冷凝膜。只有在干燥后，胶带才能正确地粘贴住。

③胶带通常无法黏到门侧位和活动车顶周围的橡胶雨封条上。要想遮盖住橡胶雨封条，可以先用抹布涂抹一层透明清漆稀释剂，等完

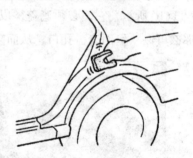

图 7-14　遮盖表面的清洗和除油

全干燥后，再使用胶带。遮盖门侧柱的时候，一定要遮盖好门锁和插销等部位。

④遇到曲面时，可将防护带的内侧边缘重叠以适应曲面贴紧的需要，或在转角接近的地方将胶带贴得稍稍松一点，贴得太紧胶带就会在转角周围缩进去，从而暴露需要隐匿的面积。曲面、转角处的贴护方法如图 7-15 所示。

⑤纸对于涂料中所含有的溶剂的抵抗力不强，在涂料容易积聚的地方（例如

图7-15 曲面、转角处的贴护

板件边缘、特征线上或涂厚涂料的区域），要贴双层遮盖胶带和纸，可以防止涂料渗入遮盖材料，如图7-16所示。

⑥全部遮盖完成后，应仔细检查遮盖是否有过度或不足的部位，否则在完成喷涂操作后还需要对这些部位进行额外的工作。过度遮盖会造成喷涂不够，需对重新喷涂过的部位再进行补漆。遮盖不足则会造成过度喷涂，需对过度喷涂的部位用溶剂清洗，否则会损坏整个工作表面的外观效果。

⑦一般来说，遮盖材料应在抛光后剥除。但是，沿边界的遮盖胶带应在涂装后，趁涂层还没有干之前小心地取去。因为一旦涂层变干变脆，它便不会均匀分离，从而影响涂装效果。对于一个干净的边界，应按照图7-17所示的正确方法剥下遮盖胶带。

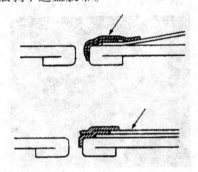

图7-16 涂料易积聚的地方的双层贴护

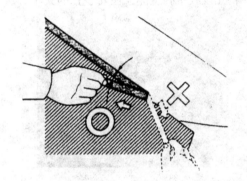

图7-17 剥除边缘胶带的方法

三、车身遮盖操作流程

1. 车身遮盖表面的清洁和除油

用除尘枪吹除板件缝隙和装饰条内部的水分和污垢，然后用抹布擦拭，去除车身表面的灰尘；用干净的毛巾蘸上除油剂，在胶带的粘贴处除油，以保证遮盖胶带的粘贴效果。遮盖区域的除油操作如图7-18所示。

2. 汽车后门重涂前的遮盖

（1）设定后车门门框的遮盖边界

打开后车门，在后车门板与门框的交界处贴上遮盖胶带，用以作为门框的遮盖边界，如图7-19所示。注意：门框与门板的交界处如果没有明显的分界线，遮盖边界必须采用反向遮盖的方法，以防产生台阶。

图7-18　遮盖区域的除油操作

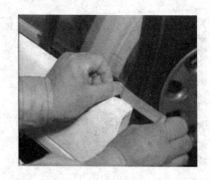

图7-19　设定后车门门框的遮盖边界

（2）遮盖后车门外把手安装孔

首先将遮盖胶带伸进安装孔内，从内边缘开始粘贴，使安装孔镂空的部分缩小，如图7-20所示。然后用遮盖胶带盖住中央孔。注意：覆盖中央孔时不能太用力推压边缘胶带，否则会使边缘胶带脱落。遮盖车门把手安装孔的另一种方法是将几段胶带叠至能盖住安装孔的大小，从车门内侧粘贴，盖住车门把手安装孔。

图7-20　后车门外把手安装孔的遮盖

图7-21　在后车门卷边部分贴上遮盖胶带

（3）遮盖后车门内侧的卷边部分

在后车门卷边部分贴上遮盖胶带，如图7-21所示。遮盖胶带应伸出车门的卷边部分。注意：后车门内侧的前底部应粘贴一条长约150mm的遮盖胶带。后车门内侧的后上部要全部贴上遮盖胶带，如图7-22所示。胶带的粘贴要尽量避免产生皱纹。车门内侧的遮盖情况如图7-23所示。

图7-22　后车门内侧后上部的遮盖

（4）遮盖车门装饰条与门框之间的间隙

在车门上侧的装饰条上贴上遮盖胶带，遮盖胶带应延伸到装饰条的外部，

图 7-23　车门内侧的遮盖情况

用另一段胶带粘贴到前面胶带的延伸部分上（如图 7-24 所示），再用胶带压住门框上翘起的胶带（如图 7-25 所示）。

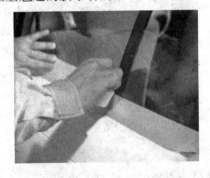
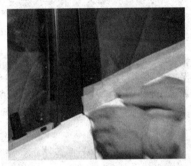

图 7-24　在胶带的延伸部分再粘贴胶带　　　图 7-25　贴紧门框上翘起的胶带

（5）遮盖后车门与后翼子板、后车门槛板之间的缝隙

关上后车门，使车门卷边部分的遮盖胶带露出车外，将另一段遮盖胶带粘贴在露出车外的延伸胶带上，如图 7-26 所示。注意：车门边沿一定不能黏有胶带。

（6）遮盖后车门前侧的凸缘区

打开前车门，抽出遮盖纸，使它稍稍长出后门板的高度，将遮盖纸上的胶带沿后车门前凸缘沟槽贴上，如图 7-27 所示。对于没有凸缘的车门顶部，则沿

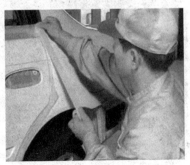

图 7-26　后车门外部间隙的遮盖　　　图 7-27　后车门前侧凸缘区的遮盖

封闭剂规定边界；车门顶部的侧面部分，需要包上遮盖纸，盖住门框；在门的底部，用遮盖胶带贴在门内粘贴的遮盖胶带上，如图7-28所示。

（7）遮盖前车门内部

用遮盖胶带贴上遮盖纸，使其延伸至前门的后缘；延伸遮盖纸的顶端，使其距离前车门的后端大约300mm，如图7-29所示。前门框部分，则将遮盖纸向外卷，然后关上前车门。注意：遮盖纸要能足以遮盖前挡风条；关上前门时，动作要缓慢，以防遮盖纸剥落。

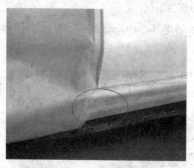

图7-28　后车门前侧底部的遮盖

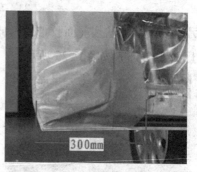

图7-29　前车门底部遮盖纸的延伸

（8）用塑料遮盖膜遮盖整车

用塑料遮盖膜遮盖汽车的前半部、车顶和行李箱门，如图7-30所示。塑料遮盖膜必须与后车门保持200mm的距离。用塑料遮盖膜遮盖时不能有皱纹，塑料遮盖膜的底部不能拖放在地上。

（9）遮盖前门后缘和后门玻璃

将遮盖纸贴至前车门后侧，如图7-31所示。遮盖纸长度应能从车门槛板伸展至车顶。遮盖后门玻璃时，使用的遮盖纸的宽度上能从车窗的遮盖边界伸展至车顶，使用遮盖纸的长度要超过车窗边界直至汽车后挡风玻璃。后车门玻璃

图7-30　整车塑料膜的遮盖

图7-31 前车门后缘的遮盖

的遮盖如图 7-32 所示。

（10）遮盖后车门后侧的钣金件

将遮盖纸贴至后侧板，使遮盖纸的顶端盖过后窗，底端刚好触地，如图 7-33 所示。遮盖后侧车轮罩的前面，将遮盖纸贴在车门后下部延伸出来的胶带上，如图 7-34 所示。

（11）遮盖后车门槛板

将遮盖纸贴在后车门槛板上（如图 7-35 所示），完成后门重涂前的遮盖工作。汽车后门重涂的遮盖如图 7-36 所示。

图 7-32　后门车窗玻璃的遮盖

图 7-33　后侧板的遮盖

图 7-34　后侧车轮罩的遮盖

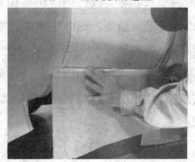

图 7-35　后车门槛板的遮盖

图 7-36　汽车后车门重涂的遮盖

四、遮盖质量的检查

遮盖完成后，检查遮盖是否符合喷涂的具体要求。遮盖过程中经常出现遮盖胶带粘贴不牢或翘起、遮盖纸破损、遮盖遗漏和遮盖过度，一旦发现这些情况要及时补救甚至重新遮盖。

五、车身面漆

1. 车身面漆的基本知识

一辆汽车的后翼子板已经完成了中间涂层的涂装，现在需要选用面漆。面漆的选用和用量的估计都是汽车修补涂装常规性的工作，作为涂装人员，应该怎样具体实施？

（1）面漆的功用

汽车面漆是汽车多层涂装中最后涂布的涂料，不但具有涂层色泽艳丽、光亮丰满的装饰效果，而且还应具有良好的保护性、耐水、耐磨、耐油及耐化学腐蚀性。

（2）面漆的分类

按照涂料干燥机理不同，面漆可分为溶剂挥发型漆，如硝基漆、热塑性丙烯酸树脂漆和各类改性的丙烯酸树脂漆；氧化固化型漆，如醇酸树脂漆、丙烯酸改性醇酸树脂漆；热固化型漆，如热固性丙烯酸树脂漆、氨基丙烯酸树脂漆、热固性环氧树脂漆和氨基醇酸树脂漆；双组分型漆，如丙烯酸－氨基树脂漆、聚酯－聚氨酯树脂漆和丙烯酸－环氧树脂漆；催化固化型漆，如湿固性有机硅改性丙烯酸树脂漆、过氧化物引发固化的丙烯酸树脂漆和氨蒸汽固化聚氨酯树脂漆。

按照涂料装饰性的不同，面漆可分为素色漆、金属漆、珠光色漆和罩光清漆。

按照涂料成分的不同，面漆可分为单组分漆和双组分漆。

2. 车身常用修补面漆

（1）素色漆

素色面漆俗称磁漆，是将非常细小的着色颜料均匀地分散在树脂基料中而制成的油漆。素色漆在涂装后具备良好的光泽度和鲜映性，在涂膜厚度在达到 $50\mu m$ 后即可显现完全的色调。素色漆随着色颜料不同也具有不同的遮盖力。

①硝基漆。硝基漆由硝基纤维素、不干性醇酸树脂、颜料、增韧剂和溶剂等组成。具有施工方便、适应性强、涂层均匀、干燥速度快、易于打磨等特点，是汽车修补涂装中应用最多的涂料之一。但硝基漆的耐侯性差，涂层容易泛黄，

为此，出现了改性的硝基漆，如用热塑性丙烯酸树脂改性的硝基树脂制成的硝基纯色漆，改善了硝基纤维素的性能。

②醇酸树脂漆。醇酸树脂漆是以醇酸树脂为主要成膜物质制成的一类涂料，可浸涂、刷涂和喷涂，自然干燥或低温烘烤干燥。醇酸树脂漆干燥后不易粉化、褪色，保光保色性好；涂层柔韧坚实，耐摩擦、耐矿物油及醇类溶剂；与硝基、过氯乙烯树脂涂料的配套性好。但若在醇酸树脂漆上涂布溶剂挥发性漆时，必须在醇酸树脂漆完全干燥后进行，否则会产生咬底或起皱。醇酸树脂漆存在着涂层干燥速度慢、工效低、打磨抛光性差、耐水性、耐碱性及"三防"性差等缺点，已逐渐被氨基漆、双组分面漆所取代，但在一些涂装质量要求不高的场合仍在继续使用。

③过氯乙烯漆。过氯乙烯漆是以过氯乙烯树脂为主要成膜物质的一种挥发性涂料。为了进一步改善其性能，通常与其他树脂配合使用。过氯乙烯涂层对酸、碱等具有良好的耐腐蚀性，对盐水溶液、海水、油类、醇类也具有很好的抗腐蚀性；保光性、保色性、耐候性优于硝基和醇酸树脂漆；阻燃性和低温耐寒性好。但因树脂成分决定了其耐热性差，在 $80\sim90℃$ 时便开始分解，使涂层的颜色变深，韧性丧失而脆裂。

④氨基树脂漆。氨基树脂漆是以氨基树脂和醇酸树脂为主要成膜物质的一种涂料，它具有两种树脂的优点，弥补了各自的不足，是一种优质的热固性汽车面漆。一般采用烘烤干燥，以增强涂层的附着力、硬度及耐水性等。氨基类涂料的优点是清漆颜色浅，外观光亮丰满，色彩鲜艳；涂层坚韧，附着力好，机械强度高，干燥后不回黏，耐候性及抗粉化能力强，具有良好的耐水性、耐磨性和电绝缘性等。氨基树脂含量高的涂料，其涂层的韧性和附着力差，所以，在汽车涂装中多采用中氨基树脂类涂料。

⑤丙烯酸树脂漆。丙烯酸树脂漆属溶剂挥发干燥型涂料，其中热塑性丙烯酸树脂漆的性能远远超过硝基漆。但早期的热塑性丙烯酸涂料还存在许多不足，如丰满度差、湿润性差、互溶性差、耐溶剂性差及对温度敏感等。故人们对热塑性丙烯酸树脂涂料进行了大量的改进，使其性能有了很大的改善。如用硝基纤维素改性的丙烯酸树脂涂料、醇酸树脂改性的丙烯酸涂料、丙烯酸－聚氨酯涂料等。

丙烯酸聚氨酯涂料是最好的双组分涂料，已成为国内外汽车修补业的首选漆种。它是羟基丙烯酸类聚合物与含有异氰酸酯类聚合物的催干剂按一定比例调配而成的。在成膜过程中，随着溶剂的挥发，两类聚合物进行交联反应，最后形成热固性的丙烯酸聚氨酯涂层。丙烯酸聚氨酯涂层既具有丙烯酸树脂涂料良好的挥发成膜性，又具有异氰酸酯类的交联成膜性，充分发挥了前者的快干性和后者的涂层性。

⑥聚氨酯漆。聚氨酯漆涂层丰满、光亮、机械强度及耐候性好，施工性能、低温固化性能等优于其他涂料，是当今汽车修补涂料中应用最多的涂料之一，大有完全取代丙烯酸树脂涂料而位居目前修补漆之首的趋势。聚氨酯漆也是双组分涂料。汽车常用的聚氨酯涂料有 S01 - 1 聚氨酯清漆、7650 - 聚氨酯清漆、聚氨酯汽车漆、7182 各色聚氨酯磁漆等，都属于双组分涂料。

（2）金属漆

金属漆有不同的名称，如"银粉漆"、"金属闪光漆"、"星粉漆"、"宝石漆"等。金属漆由主要成膜物质、颜料、金属颗粒、溶剂、分散剂等组成。其中金属颗粒是产生闪烁效应的主体，主要有片状金属颜料（以铝粉为主）或珠光颜料（云母颜料）。金属面漆通常为单组分自然挥发干燥型，多采用丙烯酸聚氨酯型树脂。

①普通金属漆。普通金属漆俗称"银粉漆"，是在树脂中加入片状的铝粉颗粒，产生金属闪光的效果。表面光滑如镜的片状铝粉颜料，对入射的光线有定向反射作用（片状金属在涂层中平行排列），所以从不同的角度观察，将产生不同的明亮度。若铝粉在涂层中呈不规则排列，将会使涂层的正、侧面的明度差别小；若铝粉在涂层的底部，又会使表面呈现较暗的颜色，如图 7-37 所示。普通金属面漆中的着色颜料比一般素色面漆少，若不加入金属粉颗粒，光线会直

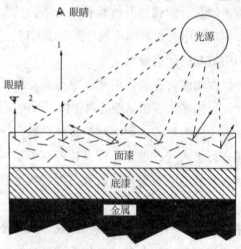

图 7-37　从正面、侧面观察到的金属漆的颜色

接穿透涂膜而达底层，涂膜的遮盖力就不能完全发挥。金属面漆的遮盖能力比一般素色面漆高，通常喷涂 $20 \sim 30 \mu m$ 的膜厚即可完全遮盖底层。涂膜中铝粉的排列并不是有序的，对光线的反射角度不同造成了金属漆本身的无光效果。因此必须在金属漆上面再喷涂罩光清漆后才能显现出光泽度和鲜映性，其金属闪光效果才能充分发挥。由于金属面漆必须由两步工序完成——金属漆层和清漆层，所以又称为双工序面漆。

②珍珠漆。珍珠漆与普通金属漆的区别在于涂料中的金属闪光颜料不是铝粉颗粒，而是表面镀有金属氧化物的云母颗粒。云母颗粒是以云母作为基础材料，其外包裹有二氧化钛或氧化铁薄膜的一种效应颜料。当其以平行于表面的方向定向排列时，由于其折射率较高的透明层次结构，使入射光多次透射和反射而产生类似于自然界存在的珍珠、贝壳、飞鸟等神秘光泽的效果，珠光颜料的色彩原理如图 7-38 所示。

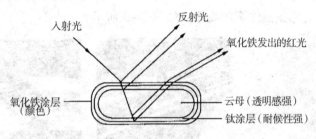

图 7-38　珠光颜料的色彩原理

金属闪光面漆中金属颜料的排列如同房上的瓦片一样，使金属涂层除具有随角效应外，还具有耐磨、耐候、耐高温及抗腐蚀性等。

珍珠色的种类大致可以分为干扰型和不干扰型两种。干扰型珍珠色即云母反射、折射和投射的光线相互干扰，可出现奇异的光晕。不干扰型珍珠色一般为高光泽不透明漆，其中的云母多镀有不透明的金属氧化物如氧化铁、氧化铬等，会使其变为不透明色，通常这种珍珠色不单独使用，而与普通的色母进行混合调色使用。珍珠色面漆也同普通金属面漆一样需要在色漆层上再喷涂罩光清漆层来提高光泽度和鲜映性，同时来体现珍珠色特有的光晕效果。因为珍珠色面漆的遮盖能力非常差，在喷涂时多需要首先做一层与面漆颜色相同或相似的色底来提高面漆的遮盖力，然后喷涂面漆，面漆之后还要喷涂清漆，所以该种面漆也称为三工序面漆。

（3）其他漆

①烤漆。烤漆也称为烘漆，是按涂料的成膜方式分类而得的。此类涂料属

热固型，其涂层不能自然干燥，必须经过烘烤才能固化成形。经烘烤干燥的涂层在硬度、附着力、耐久性、耐油性、耐水性及耐化学品等方面比自然干燥的涂层要好得多，如油性烘漆、醇酸烘漆、氨基烘漆、环氧烘漆等。

②自喷漆。涂料制造厂把涂料和稀释剂加压后储存在专用容器内，用户只要打开盖子，上下反复摇晃几下，按下容器顶部涂料就会喷出，如图7-39所示。自喷漆一般用于修补面积小、质量要求不高、颜色与原车相同的卡车、客车。

③贴的涂料（定制贴膜）。贴的涂料就是在经过严格选择的PVC膜（厚度约$5\mu m$）上涂一层具有优良耐候性的印刷膜，在另一面涂上具有耐候性的高强度黏合胶。施工时只需撕掉防护纸，按要求贴在被涂表面上即可。这种贴的涂料的户外耐候性优良，可使用5~7年以上。所用油墨的耐候性、黏合力、尺寸的稳定性、耐水性、耐油性良好。贴的涂料一般使用在微型车、吉普车、面包车的车身表面，相对彩条或图案的喷涂，如图7-40所示。

图7-39　自喷漆　　　　　　　　　图7-40　车身上贴的涂料

六、车身修补面漆的选用

面漆性能的好坏，主要取决于本身性能的好坏，但与其相配套底漆的性能、配套性和施工工艺也有较大关系。因此合理选择面漆是一项非常重要的工作，如果选择不当，会给施工带来困难，影响产品质量，也会造成材料浪费。

1. 面漆选用的一般原则

面漆选择的一般原则是：

（1）选用的面漆应具有一定的装饰性和保护性，既要符合不同档次汽车的外观要求，又要与车辆的使用环境要求相适应。

（2）选用的面漆应与底漆有良好的配套性，保证良好的附着性能和无"咬底"现象。

（3）一般情况下，选用面漆的类型与原涂层面漆的类型尽可能保持一致。

（4）选用的面漆应有利于降低成本，适合施工场所的施工条件，方便施工。

（5）选用的面漆应可能无毒无公害，以利于工人的身体健康和环境保护。

2. 面漆选用的基本步骤

选择汽车修补面漆可以按照下面的步骤进行：

（1）考虑汽车修补用面漆与原车面漆相匹配。修补面漆应与原车面漆的性能相同、与原车的表面颜色最接近。鉴别原车面漆的类型和修补面漆的调色是修补涂装的关键技术。如果选用的面漆与原车涂层的性能不同或者调配的面漆颜色与原涂层差异太大，将直接导致修补涂装的失败。

（2）考虑修补面漆的施工性能。修补面漆要能在 60～80℃ 烘烤成膜，适应于手工涂装。修补的涂层要有良好的抛光性、较好的重涂性和修补性。

（3）考虑修补面漆的外观特性。修补涂料应色彩鲜艳、光泽醒目、色差小、丰满度及鲜映性好。

（4）考虑修补涂层的硬度和抗崩裂性。修补涂层应坚硬耐磨，具有足够的硬度，以保证汽车在使用过程中因路面砂石的冲击和摩擦而不被损坏。

（5）考虑修补涂层的耐化学药品性。在车辆使用过程中，表面涂层难免与蓄电池电解液、润滑油、汽油、制动液及各种清洗剂等接触，但擦净后表面不应有变色、起泡或失光等现象。

（6）考虑修补涂层的耐候性和抗老化性。耐候性和抗老化性是选择面漆涂料的重要指标之一。若选用的面漆耐候性和抗老化性差，则车身表面涂层在使用不久就会出现失光、变色及粉化等病态现象，直接影响汽车的装饰性。

（7）考虑修补涂层的耐湿热和防腐蚀性。面漆涂层在湿热条件下（如温度40℃，相对湿度90%），不应起泡、变色、失光，对面漆的防腐蚀性虽不比底漆严格，但与底漆涂层配合使用后，能增强整个涂层的防腐蚀性。

七、面漆的用量估计

涂装前，对所需的面漆进行估算：一是为成本核算提供依据，二是为涂装过程中所需的材料做好准备。

1. 影响面漆消耗量的因素

（1）涂料的特性

涂料的遮盖力不同，其消耗量也不相同，颜色越浅，遮盖力就越差，涂料的消耗量也就越大。如白色涂料，遮盖能力差，涂料的消耗就大。涂料中固体分含量的高低，影响着喷涂的道数和涂层的厚度，固体分越高，形成的涂层就越厚，涂料的消耗量也就越低。如硝基涂料、丙烯酸树脂涂料的固体分含量低，每道形成的涂层薄，要达到预期的厚度，必须采用多道涂装。

（2）涂装方法

涂装方法不同，涂料的涂着率也不同，涂料的消耗量也就不同。如果采用普通空气喷涂，由于涂料分散严重，涂料的涂着率只有20% ~ 40%，涂料的消耗量相对较大，反之，采用环保型喷枪涂料的消耗量就相对较小。

（3）被涂物面的材质、形状及大小

不同车身底材对涂料的吸收率不同，消耗量也就不同。如在木质、水泥表面喷漆比在金属表面喷漆消耗量大。板件表面的粗糙度和表面形状对涂料的消耗量影响也很大。表面越粗糙，形状越复杂，涂料消耗量也越大。

（4）操作熟练程度

修补涂装以手工为主，涂料消耗量大、小与操作者的熟练程度有很大关系。若操作不熟练，不仅使涂料的消耗量大，而且容易出现涂层缺陷，甚至返工，造成浪费。

（5）施工条件

施工条件是指施工时的环境温度、湿度、空气洁净度及风速、照明度等。风速直接影响涂料的飞散程度，风速越大，涂料的消耗量也就越大。其他条件影响涂层的形成质量，若出现严重的涂层缺陷，须重新施工，造成涂料浪费等。

2. 面漆用量估计的方法

面漆用量估计的方法有计算法、参考标准法等。

（1）计算法

单位面积的涂料消耗可通过下面公式计算求得

$$q = \delta\rho(N \cdot \eta)$$

式中，q——单位面积的消耗量（g/m^2）；

　　　δ——涂层的厚度（μm）；

　　　ρ——涂层的密度（g/cm^3）；

　　　N——涂料施工时的固体分含量（%）；

　　　η——涂料利用率或涂着率（%）。

被涂板件的涂料消耗量为

$$Q = qA$$

式中，Q——被涂物件的材料消耗量（g）；

　　　q——单位面积的材料消耗量（g/m^2）；

　　　A——被涂物件的面积（m^2）。

（2）参考标准法

涂料商为了提高服务水平，对自己生产的每一种涂料都要制定消耗定额标准，对车身某一板件所需的实际涂料用量也有具体规定。常见整板修补面漆的参考用量见表7-1。涂装人员在确定涂料用量时只需要修补的板件（或面积）与参考标准相对照，就可以得出涂料的用量。涂料的用量在实际生产中经常采用体积单位，涂料的最小用量为0.1L（涂料太少会给调色带来麻烦）。

表7-1　常见整板修补的面漆用量

面漆 部件	单工序 素色漆	双工序素色漆		双工序普通金属漆		三工序珍珠漆		
		底色漆	清漆	底色漆	清漆	底色漆	珍珠漆	清漆
翼子板	0.3L	0.2L	0.2L	0.3L	0.3L	0.2L	0.2L	0.3L
车门	0.4L	0.3L	0.3L	0.3L	0.3L	0.3L	0.3L	0.3L
发动机盖	0.8L	0.6L	0.6L	0.6L	0.6L	0.6L	0.6L	0.6L
行李箱盖	0.6L	0.4L	0.4L	0.5L	0.5L	0.3L	0.3L	0.5L
车顶	0.5L	0.4L	0.4L	0.4L	0.4L	0.4L	0.4L	0.4L
保险杠	0.5L	0.3L	0.3L	0.4L	0.3L	0.3L	0.3L	0.3L

在涂料用量估计的两种方法中，参考标准法在修理厂中应用得最为广泛。

为了充分估计施工中的不确定因素对涂料消耗量的影响，确定涂料消耗量还必须留有一定的余量，一般在估计的基础上再增加10%～20%。

八、面漆的选用

1. 车身原涂层面漆材料的鉴别

观察车身原涂层，车身正面颜色较深，侧面颜色较浅，整体有一种银白色的金属闪光效果，可以判断车身原涂层为普通金属漆。在红布上倒上粗蜡，将红布在保险杠底部隐蔽处打磨，红布上没有车身的颜色；用红外线烤灯加热打磨部位，一段时间后涂层颜色仍然暗淡，不能恢复光泽，说明原涂层的最外层为清漆。

2. 车身修补面漆的选用

由上面的鉴别可知，车身原涂层面漆为双工序银粉漆。根据面漆选用应尽可能与原涂层一致的原则，任务引入中翼子板的修补面漆选用双工序银粉漆。

九、翼子板修补面漆的用量估计

1. 修补面积的具体分析

任务引入中翼子板涂膜损伤的面积大约占整板面积的1/4，处于轮胎罩的周围，可以采用底色漆局部修补，清漆整板喷涂的修补工艺。因此，底色漆最多只需要喷涂翼子板1/3的面积，而清漆则需要喷涂整个翼子板。

2. 修补面漆的用量估计

翼子板修补涂料的用量参照表7-1，双工序普通金属漆整板修补时，银粉漆和清漆各需要0.3L。根据工艺要求，底色漆只需要喷涂翼子板1/3的面积，使用0.1L的银粉漆就可以了；罩光清漆需要喷涂整个翼子板，确定用量为0.3L；其他辅料，如固化剂和稀释剂则按照涂料说明书的配制比例确定用量。

十、银粉漆萨塔HVLP喷枪块喷涂工艺流程

查看板件有无损坏（目测要具有光源、手摸带上棉手套大范围用掌心轻轻摸、直尺、按压或者叫垫块-拿拇指压，看回弹的弹力，看是否要收火）——戴手套、眼睛、口罩——吹尘——防护——除油——更换防护——将灰色菜瓜布安装在打磨头上——打磨磷化底气——手磨边角——吹尘——换防护——除油——送入烤漆房——选灰度喷中途1.2口径枪一边（免磨中途可以提高效率和效果P565~5601\5605~5607如何？多元底材适用，5日不需要打磨，用粘尘布即可，P210~8430/844高固含量标准快干845慢干2：1：0.5-1，混合后1小时用完，16至18秒黏度，喷两层，膜厚11微米，候考30分钟）——除尘二遍——除尘——喷面漆白色1.2口径枪一遍——除尘——二遍——除尘——喷清漆1.5口径枪一遍——二遍。

十一、翼子板银粉漆萨塔HVLP喷枪块水性漆喷涂工艺流程

查看板件有无损坏（目测要具有光源、手摸带上棉手套大范围用掌心轻轻摸、直尺、按压或者叫垫块-拿拇指压，看回弹的弹力，看是否要收火）——戴手套、眼睛、口罩——吹尘——防护——除油——更换防护——将灰色菜瓜布安装在打磨头上——打磨磷化底气——手磨边角——吹尘——换防护——除油——送入烤漆房——选灰度喷中途1.2口径枪一边（免磨中途可以提高效率和效果P565~5601\5605~5607如何？多元底材适用，5日不需要打磨，用粘尘布即可，P210~8430/844高固含量标准快干845慢干2：1：0.5-1，混合后1小时用完，16至18秒黏度，喷两层，膜厚11微米，候考30分钟）喷灰色银粉漆——粘尘——第一遍——中湿喷——再黏尘——第二遍湿喷——然后再粘尘——第三遍干喷——最后——喷清漆——二遍。

十二、资讯

1. 翼子板损伤的特点：_____

_____。

2. 翼子板损伤的常用的修补法：_____

_____。

3. 翼子板板块修补的流程：_____

_____

_____。

4. 翼子板块修补各个阶段的操作工艺和参数：_____

_____

_____

_____

_____

_____

_____

_____

_____

_____

_____。

十三、决策

1. 进行学员分组，在教师的指导下，探讨练习翼子板的块修补。

2. 各小组选出一名负责人，负责人对小组任务进行分配。组员按负责人要求完成相关任务内容，并将自己所在小组及个人任务内容填入表7-2中。

表7-2　小组任务

序号	小组任务	个人职责(任务)	负责人

十四、制订计划

根据任务内容制订小组任务计划，简要说明翼子板银粉漆块修补流程和方法，并将操作步骤填入表7-3中。

表7-3　翼子板银粉漆块修补工艺流程

序号	作业内容	操作工艺
1		
2		
3		
4		
5		
6		
7		
8		
9		
10		
11		
12		
13		
14		
15		

十五、实施

1. 实践准备，见表7-4。

表7-4　实践准备

场地准备	硬件准备	资料准备	素材准备
四工位涂装实训室、对应数量的课桌椅、黑板一块	各种原子灰、翼子板30块、喷枪6把、打磨工具6套、耗材若干和素色漆色母1套	安全操作规程手册和PPG素色使用说明	银粉漆块修补视频

2. 银粉漆的块修补，并完成项目单填写，见表7-5。

表7-5　块修补

操作内容	使用的设备和工具	操作方法	注意事项

十六、检查

在完成翼子板银粉漆块修补后，请将操作的结果填写在表 7-6 中。

表 7-6　检查

检查过程：

检查结果：

十七、评估与应用

思考：写出如何进行翼子板银粉漆块修补？翼子板银粉漆块修补的注意事项有哪些？见表 7-7。

表 7-7　评估与应用

记录：

学习任务二　银粉漆的点修补工艺流程

【学习目标】

1. 熟悉银粉漆修补工艺流程。
2. 掌握翼子板点修补工艺。
3. 能根据损伤的情况正确选用点修补。

【学习内容】

1. 能够掌握椅子板点修补的选用。
2. 掌握点修补的操作流程和工艺。
3. 掌握银粉漆的点修补工艺流程。

一、视觉比色

1. 颜色的基础知识

（1）物体颜色的产生

太阳光由红、橙、黄、绿、青、蓝、紫7种单色光组成。物体对光线有反射吸收和折射作用，如图7-41所示。一种物体如果吸收了太阳光中全部单色光的90%以上时，就呈现黑色；如果反射了太阳光中全部单色光的75%以上时，就呈现白色；如果有选择地反射一部分单色光，其余单色光被吸收，则呈现反射光的颜色，如图7-42（a）所示；若能全部透射太阳光，就是无色透明体；若能透射一种或几种单色光，就是彩色透明

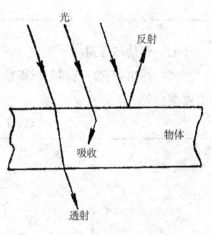

图7-41　物体的光学特性

体，如图7-42（b）所示；反射（或折射）的各种单色光在物体表面产生干涉，物体就呈现斑斓色，如贝壳上的花纹、羽毛等。

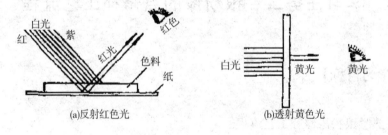

(a)反射红色光　　(b)透射黄色光

图7-42　物体的颜色

（2）颜色的属性

颜色可分为无彩色和有彩色两大类。无彩色是指白色、黑色和各种深浅不

同的灰色，它们可以排成一个系列，由白色渐渐到浅灰到中灰，再到深灰，直到黑色，叫作白黑系列。有彩色是指除黑白系列以外的各种颜色。

尽管颜色种类很多，但都有3个共同点，颜色的这3个共同点叫颜色的三属性。颜色的三属性分别是色调、明度和彩度。无论什么颜色，都可以用这3种属性来定性、定量地描述。颜色的这3种属性可以用仪器来测定，或用目测来比较评定，它是颜色分类和说明颜色变化规律最简练、最易接受的一种方法。

①色调。色调(hue，简写为H)，又称为颜色的色相或色别，即色彩的相貌，是色彩最基本的特征，也是颜色彼此相互区分最明显的特征。太阳光光谱分解的7种单色光在视觉上就表现为不同的色调，如红、橙、黄、绿、青、蓝、紫，都表示一个特定波长的色光，给人以特定色彩的感受。

在修补涂料的调色系统里，用来描述颜色色调差异的用语一般有4个：红(R)、黄(Y)、绿(G)、蓝(B)，有时还会用到紫(V)、橙(O)。黄绿(YG)和青(C)这两个色调本身难以分辨，而且与黄、蓝有重复，因此在实际描述时很少用到。

在排除亮度和饱和度的情况下，可以认为每个颜色都能在色轮图中找到相应的色调位置。在色轮上(见图7-43)，颜色色调的变化只能有两种偏向，即偏向沿着色轮与其相邻的两个主要的色调。例如，蓝色可以偏绿和偏紫，红色可以有偏紫和偏橙，黄色可以偏绿和偏橙。

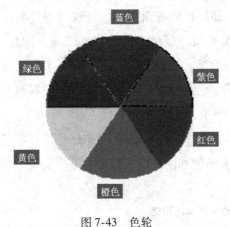

图7-43　色轮

②明度。明度(value，简写为V)，也称为亮度。一般地说，色彩的明度是人眼所感受到的色彩的明暗程度。人眼对明暗的改变很敏感。反射光很小的变化，甚至小于1%的变化，人眼也能感觉得出来。

通常，各种色彩的明度取决于人眼所感受到的辐射能的量。由于它们反射(透射)光量的不同，就会产生明暗强弱的差异，可用反射率(透射率)来表示。相同色彩物体表面的反射率越高，它的明度就越高，或者说各个色彩物体在明亮程度上，越接近白色则明度越大，越接近黑色则明度越小。

事实上，不同色相的光谱色即使反射率相同，明度也各不相同。其中，黄色、橙黄、黄绿等色的明度最高，橙色比红色的明度高，蓝色与青色要暗些。

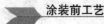

所以，明度并不单纯是一个物理学的量度，还是个心理的量度。人对不同色相明度的感觉排序见表7-8。

表7-8　人对不同色相明度的感觉排序

白	黄	黄橙	黄绿	绿	红橙	青绿	红	蓝	暗红	蓝紫	紫	黑
淡灰				浅灰			中灰			暗灰		

由于明度的差别，同一种色调具有不同色彩，如同一种绿色可以分为明绿、淡绿、暗绿等。这种色彩明暗差异，使得画面有立体感。

明度一般用黑白度来表示。越接近白色，明度越高；越接近黑色，明度越低。任何一种颜色，如果加入白色，可以提高混合颜色的明度；反之，混入黑色，可以降低混合颜色的明度。

③饱和度。饱和度（Chroma 或 Saturation，简写为 C 或 S），亦称纯度、鲜艳度和彩度，是指反射或透射光线接近光谱色的程度，或者表示为离开相同明度中性灰色的程度。所以光谱中的单色光是最饱的彩色光。

物体颜色的饱和度取决于该物体表面反射光谱色光的选择性。物体对光谱某一较窄波段的光反射率高，而对其他波长的反射率很低或没有反射，则表明它有很高的光谱选择性，其饱和度就高。如果物体能反射某一色光，同时也能反射一些其他色光，则该色的饱和度就小。

色彩饱和度与物体的表面结构有关。如果物体表面粗糙，光线的漫反射作用将使颜色的饱和度降低。如果物体表面光滑，颜色的饱和度就较高。同样，色漆湿的时候颜料颗粒之间的空隙被溶剂填满，表面变得光滑，减少了漫反射的白光掺和，所以颜色的饱和度就提高了。色漆干了，溶剂被蒸发，颜料颗粒被显露，表面变粗糙了，因此色泽就变灰暗了，颜色就变深了。

每一色调都有不同的饱和度变化，标准色的饱和度最高（其中红色饱和度最高，绿色低一些，其他居中），黑、白、灰的饱和度最低，被定为零。主要色调的明度和饱和度见表7-9。

表7-9　主要色调的明度和饱和度

色调	红	橙	黄	黄绿	绿	青绿	青	青紫	紫	紫红
明度	4	6	8	7	5	5	4	3	4	4
饱和度	14	12	12	10	8	6	8	12	12	12

表中，数值大的饱和度高。

对合成的颜色来说，由于加入了其他品种的颜色，使得颜色的饱和度降低，也就是说合成色的饱和度都低于单色。加入的不同品种的颜色越多，各个颜色的饱和度越低，合成后的颜色越浑浊。

（3）颜色的表示方法

为了规范颜色的使用和管理，目前国际上广泛采用孟塞尔颜色系统作为分类和标定表面色的方法。它用一个三维空间的类似球体模型把各种表面色的三种基本属性（色调、明度、饱和度）全部表示出来。在立体模型中的每一部位各代表一个特定的颜色，并给予一定的标号。

孟塞尔颜色立体模型如图7-44所示，自下到上的变化为明度，水平距离的变化为饱和度，围绕着明度轴的周向变化为色调。

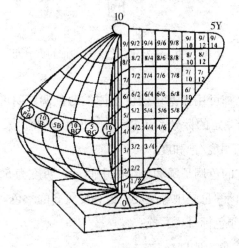

图7-44 孟塞尔颜色立体

①孟塞尔明度值（V）的表示法。孟塞尔颜色系统的中央轴代表无彩色白黑系列中性色的明度等级。黑色在底部，理想黑色定为0，白色在顶部，理想白色定为10，孟塞尔明度值由0~10，共11个在视觉上等距离的等级构成。由于理想的白色和黑色是不存在的，所以在实际应用中只用明度值1~9。

②孟塞尔色调（H）的表示法。孟塞尔颜色系统中把颜色立体水平剖面上的各个方向代表10种色调，即5个主色调和5个中间色调，组成了孟塞尔颜色系统的色调环。5个主色调是红色、黄色、绿色、蓝色、紫色。5个中间色调是黄红色、绿黄色、蓝绿色、紫蓝色、红紫色。

为了把该颜色系统中的色调做更细的划分，孟塞尔把每一种色调又分成10个等级，用数值1~10表示，其中5为纯正的颜色，小于5的颜色偏向于1号相邻的色调，大于5的原色偏向于10号相邻的色调，数值偏离5越大，含有这相邻颜色的量就越多。例如，5R为纯正的红色，1R为偏紫的红色，8R为偏黄的红色，10R为偏黄很多的红色。这样，孟塞尔色相环共有100种色调。在《孟塞尔颜色图册》中，将每一种色调都分成4个等级制成颜色样品，即2.5、5、7.5、10。因此，共有40种色调样品，如图7-45所示。

③孟塞尔饱和度（C）的表示法。在孟塞尔系统中，颜色样品离开中央轴的

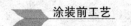
水平距离代表饱和度的变化，称为孟塞尔饱和度，表示具有相同明度值的颜色离开中性灰色的程度。它也分成许多视觉上相等的等级，中央轴上的中性色饱和度为 0，离开中央轴愈远，饱和度数值愈大，如图 7-46 所示。

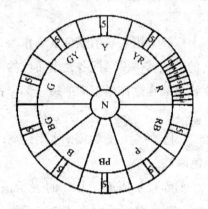

图 7-45　孟塞尔色调环　　　　图 7-46　孟塞尔颜色系统的饱和度分布

④孟塞尔颜色的标定法。任何颜色都可用孟塞尔颜色立体上的色调、明度和饱和度这三项坐标进行标定，并给予一定的标号，其表示方法的组成如下：

$$HV/C = 色调明度/饱和度$$

例如，一个 8G5/8 标号的颜色，它的色调是绿和蓝绿的中间色，明度为 5，饱和度为 8，同时，从这个标号可知，该颜色是中等亮度、饱和度较高的颜色。

中性颜色由于其饱和度为 0，所以颜色标号可写成：

$$HV/ = 中性色　明度/$$

N 表示中性的意思。例如，明度值等于 9 的中性明灰色可写作 N9/。对于饱和度低于 0.3 的黑、灰、白色通常标定为中性色。对饱和度低于 0.3 的中性色作精确标定时，一般表示为：

$$NV/(H, C) = 中性色　明度/(色调，饱和度)$$

这时，色调 H 用 5 种主要色调和 5 种中间色调中的一种。例如，对一个略带黄色的浅灰 N8/(Y, 0.2)。用 HV/C 的形式标定低饱和度的颜色也是允许的。

2. 影响颜色的因素

物体在太阳光的照射下呈现出颜色叫做物体的固有色，物体的固有色是不变的。但是照明条件与观察环境发生了变化，物体所呈现的颜色也就不同了。所以必须在一定照明条件和一定的环境中确定物体的颜色。物体的颜色会因光源、物体、周围环境等不同而变化。

（1）光源的影响

当光源中光谱成分发生变化，而这种单色光恰好又是被照射物体吸收的颜色，此时就不能显示出被照物体的固有颜色。例如，绿色颜料在红光下就会变成黑色。

（2）物体大小、距离和本身表面状态的影响

观察时距离物体过远或过近都不能准确地得出物体的固有颜色，过远显得发灰。一大一小的两物体放在一起时，大物体反光面大，将影响小物体的颜色。表面结构致密、光滑的物体，对光的反射能力就强，颜色就鲜艳，同时也容易产生镜面反射失去固有色。粗糙的表面固有色表现较强，而且不易受环境色干扰。

（3）环境色的影响

物体在不同颜色的环境中，会因邻近物体颜色反射到表面而使颜色发生变化，特别是表面光滑的物体和颜色较淡的物体。

3. 视觉比色的方法

视觉比色就是把试样的颜色和样本的颜色并排放在一起、用肉眼观察它们是否相同的方法。在进行视觉比色时，不同的观察者在观察时，对于样本和试样因受光方式、观察方法、光源种类、周围环境、试样大小等影响而产生差别。

在视觉比色时，所制作试样和样本应尽可能大一些。用于视觉比色的试样一般在 120mm × 120mm 或 100mm × 150mm，这样可以减少客观条件引起的色差。

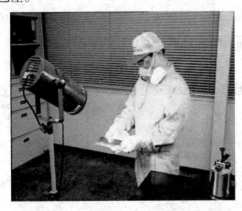

图 7-47　在 D65 光源下比色

用于视觉比色的最佳光线是日出后 3 小时到日落前 3 小时之间的自然光。为避免直射日光，可以采用北部窗进入的自然光线。视线与光线间成 45°夹角，视线与光线其中有一项应与试样垂直。由于自然光在晴天、阴天、雨天时会有差别，来自窗户的采光条件也有所不同，因此视觉比色时最好用标准光源。国际照明委员会（CIE）推荐用 D65 光源代表典型的日光。D65 光源为荧光灯管（见图 7-47），色温为 6500 ± 300K，显色指数 $Ra \geq 95$。它与太阳光具有相近似的光谱分布，并且具有极高的显色性能。因此，在模拟

日光条件下观察颜色，以 D65 光源为佳。

两个颜色试样在任何光源下观察都完全等色，称为同色同谱。如果两个试样在某一光源下观察是等色的，而在另一种光源下观察是不等色的，这种现象称之为同色异谱。为了避免出现同色异谱现象，用 D65 光源观察后，再用国际照明委员会(CIE)推荐的 A 光源(A 光源为溴铝灯，色温为 2856 ± 10K，显色指数 $Ra > 98$)对试样进行观察比色。

视觉比色对光源有照度要求，光源照度应不低于 2000Lx。国际标准 ISO3668 规定，比色位置的光源照度应当控制在 1000 ~ 4000Lx，对暗色漆照度应取上限。

视觉比色时，不得穿色彩鲜艳的衣服和佩戴有色眼镜，周围的环境应无色彩影响，无反光；为了准确进行颜色的比较，观察中应交替观察比较样品和标样，不要长时间的凝视。观察完鲜艳色后，不能立即观察较为暗淡的颜色。

4. 分析找出 A、B 两块色板颜色差异的方法

(1)调色环境的选择

A、B 两块色板的颜色只有在标准的光源下比较，才能准确地找出差异。因此，要选取标准的光源和合适的比色环境。

(2)颜色比较的方法

颜色的比较从色调、明度和饱和度 3 个属性入手。先对照色轮图确定色板的色调，在色轮图上找出标准板 A 和色差板 B 的大致位置，将两色板颜色对应在色轮图上的位置进行比较，确定两色板在色调上的差异；再比较明度，在颜色树的竖直位置上确定 A、B 两块色板颜色的位置，进行相互之间的明度位置比较；最后比较两块色板的饱和度，确定哪块色板的颜色比较纯净，饱和度高。

(3)色差板的颜色成分分析

首先找出标准板(A 色板)的颜色配方，然后根据色差板与标准板颜色的差异，分析色差板颜色的成分。

5. A、B 两块色板颜色比较

(1)色调比较

①将 A、B 两块色板与色轮图相比较，如图 7-48 所示，初步可以确定 A、B 两色板的色调为紫蓝色。

②将 A、B 两块色板的色调与色轮相比较，分别在色轮上找出与 A、B 两块色板色调基本一致的 A、B 两点，并做好记号，如图 7-49 所示。在色轮上，A 点的位置稍微偏向蓝色，以紫色为主，B 点的位置靠近蓝色的成分则比较多。B

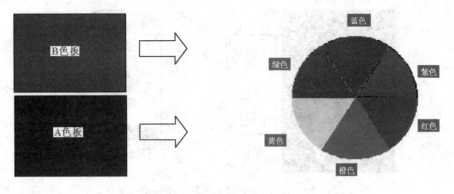

图 7-48　将 A、B 两块色板与色环图相比较

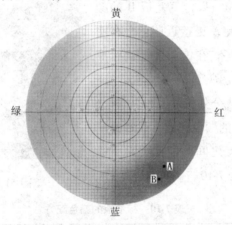

图 7-49　将 A、B 两块色板与色环图相比较

点与 A 点相比，B 点更蓝。因此，标准板 A 的色调为紫色，略偏蓝色，色差板 B 的色调为紫蓝色。

（2）明度比较

将 A、B 两块色板与竖直方向上的颜色树相比较，如图 7-50 所示。可以清晰地看出 A 色板的颜色与颜色树上的 A 处相接近，B 色板的颜色与 B 处接近。A 色板的明度很低，黑色成分较多；B 色板处于竖直坐标轴的中部，明度为中灰略偏下。B 色板的明度明显比 A 色板高。

（3）饱和度比较

饱和度与颜色的纯度有直接关系，颜色纯度越高，其饱和度也越高。在色调的水平平面内，颜色所处的位置离色轮的中心圆点越近，颜色的饱和度就越低。如图 7-51 所示，A 色板颜色在色轮上所对应位置离色轮圆心的距离明显比 B 色板近，所以 A 色板颜色的饱和度比 B 色板低。

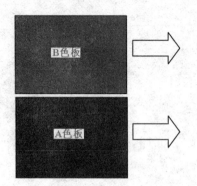
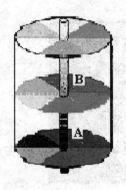

图 7-50　将 A、B 两块色板与色环图相比较

综合上面的比较结果，色差板 B 的颜色在色调上比标准板 A 更接近蓝色，在明度上比标准板 A 明亮，在饱和度上比标准板 A 颜色纯，饱和度高。

6. 色差板颜色成分分析

（1）查找标准板的颜色配方，了解标准板的颜色成分和相互之间的配比关系。标准板的颜色配方见表 7-10。

图 7-51　饱和度比较

表 7-10　标准板的颜色配方

序号	色母	累积量	绝对量
1	紫色	249.6	249.6
2	黑色	278.3	28.7
3	蓝色	320.3	42.0
4	绿色	333.5	13.2

（2）色差板颜色成分分析

色差板的色调比标准板蓝，明显是蓝色色母的成分过多或紫色色母过少，要达到标准板颜色的色调，必须加入一定数量的紫色色母；色差板的明度较高，可能是黑色色母添加量小于 28.7g，加入黑色色母可以达到标准板的明度；色差板的饱和度较高是因为色母惨入的分量较少，颜色纯度较高所致，当色母加入量与标准板大致相当时，其饱和度会自然降低。

二、涂料颜色的调配

1. 调色概述

涂料颜色的调配是汽车修补涂装中最为关键、难度最大的操作工序。要把握这一工序，必须从以下几个方面入手：

（1）把握涂料调色的基本原理，并能灵活运用。

（2）掌握涂料调色的基本程序和调色方法。

（3）练习涂料调色的操作技能，掌握涂料调色的操作技巧。

所谓调色是指根据颜色的 3 个基本属性，将两种或两种以上的不同的基本颜色按一定比例混合在一起，以产生所需要的理想颜色的过程。

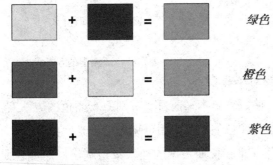

图 7-52　每两种原色可调出一种间色

2. 调色的基本原理

色彩的名目繁多，千变万化，但有 3 种颜色是最基本的，用它们可以调配出各种色彩，但用任何颜色却调配不出这 3 种色，这 3 种颜色称为三原色。通常把红、黄、蓝称为物体的三原色，也称为第一色。涂料调色经常用到的是物体的三原色。每两种原色可调出一种间色，如红色＋黄色＝橙色，蓝色＋黄色＝绿色，红色＋蓝色＝紫色，如图 7-52 所示。在调配时如果某种色漆的含量多，则混合成的颜色就带有多含量的原色。如黄色和蓝色混合，黄色相对多时混合色呈黄绿，相反，混合色就呈蓝绿。调色的基本规律见表 7-11。

表 7-11　调色的基本规律

各色＼混合色＼各色	红色	橙色	黄色	绿色	蓝色	紫色	白色	黑色
红色	－	橙/红	橙	棕色	紫色	浅棕	樱桃红	棕色
橙色	红/橙	－	黄/橙	棕	棕	棕	樱桃红	棕色
黄色	橙	橙/黄	－	绿/黄	绿色	绿色	浅黄	绿色
绿色	棕色	棕色	黄/绿	－	蓝绿	棕色	浅绿	深绿
蓝色	红紫色	棕色	绿色	蓝绿	－	紫/蓝	浅蓝	深蓝
紫色	浅棕	棕色	绿色	棕色	蓝/紫	－	浅紫	深紫

黑色和白色是色彩带以外的两种颜色，又叫无彩色。黑色和白色以不同的比例混合可得出不同程度的灰色。无彩色与不同的有彩色混合，可改变色彩的明度。无彩色是色彩调配中必不可少的颜色。

在色环图上位置相对的颜色互相补充（如图 7-53 所示），这两种颜色称为互补色。例如，红色补充蓝绿，黄色补充蓝紫。当两种互补色相混合，便得到消色差的颜色，即灰色。当混合几种颜色时，有时添加一种消色差的颜色，以抵消太强的颜色。通过这种方法，调整颜色的饱和度。

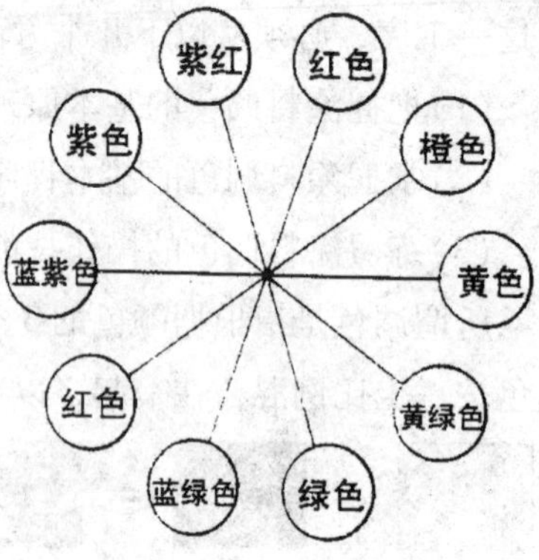

3. 涂料调色的基本程序

（1）准确辨别原车涂层的颜色

图 7-53 色环图上的互补色

辨别原车涂层颜色时，首先要对车身表面不起眼的部位进行清理、打磨，使之露出本来面目。辨别原车颜色的方法有：经验法、色卡对比法、查找原车涂料颜色编号及采用可见光分光光度计。

①经验法。经验法是依据调色规律和长期积累的经验，识别出原车颜色是由哪种主色和哪几种副色配成的，配比关系大约是多少。此法仅用于一些由三种以下常见色配成的颜色，与操作者的调色经验有很大关系。调出的颜色和色漆量往往很难达到要求，一般用于质量要求不高场合的涂装。

②色卡对比法。色卡对比法是采用专用的比色卡组与原车颜色进行反复对比，找出与原车颜色最接近的色卡（见图 7-54）。比色时必须在光线充足的地方或标准的光源下进行。为了避免因两色板的面积大小不同带来的误差，在比色时可将原车的比色区遮盖而留出一块与色卡面积相同的缺口。

图 7-54 找出与原车颜色最接近的色卡

③查找原车涂料颜色代码法。根据汽车生产厂家的颜色代码获得原车的颜色，以减小修补色与原车颜色的差别。大部分轿车车身都印制有一个颜色编号

的颜色代码(颜色代码的位置见图7-55),根据颜色代码可以获得生产厂家提供的原色。不同车型颜色代码的位置不同,见表7-12。

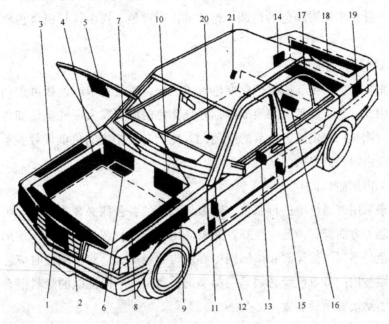

图 7-55　不同车型颜色代码的位置

表 7-12　不同车型颜色代码的位置对照表

车牌名称	颜色代码位置	车牌名称	颜色代码位置	车牌名称	颜色代码位置
奥迪	14 17 18	马自达	7 10 15	依维柯	5
宝马	2 3 4 7 8	奔驰	2 3 8 10 12 15 24	美洲豹	2 4 5 15
克莱斯勒	2 4 5 8 9 10	三菱	2 3 4 5 7 8 10 15	起亚	15
雪铁龙	2 3 4 7 8 10	莫斯科人	14	拉达	4 5 8 17 18 19
大宇	2	日产	2 4 7 10	迷你	22
大发	2 7 10 20 22	欧宝	2 3 4 7 8 10	凌志	3 7 10 15
法拉利	5 18	标致	2 3 8	莲花	3 8
菲亚特	4 5 14 18	雷诺	3 7 8 10 15	白鱼	2 3 4 7 8 9
福特	15	劳斯莱斯	3 5	丰田	3 4 7 8 10 11 12 15 17 23
伏尔加	18	罗浮	2 3 5 7 10	大众	1 2 3 7 8 14 17 18 19
通用	2 7 10 15	萨伯	3 8 10 15 17	伏尔伏	2 3 7 8 10 11 12 15
本田	15 22	土星	19	伏克斯豪尔	2 8 9 10
现代	2 7 10 12	西特	3 8 17 18	波尔舍	2 7 8 10 12 15
五十铃	2 7 10 16 15	铃木	7 10 11 18 20 13 14	马萨拉蒂	5

④利用可见光分光光度计辨别原车颜色。分光光度计是一个专门分析车身涂层颜色的电子仪器。可以测出涂层的光谱反射率曲线,通过库贝尔卡－芒克调色理论计算出涂层颜色的色调、饱和度、明度值,再由计算机调色软件进行调色。

（2）把握调色依据

大多数调色的主要依据是标准色卡或色板,通过色卡或色板可查到颜色的配方。因此,色卡或色板必须准确,并且比色的面积要大一些。标准色卡是由汽车厂或涂料厂提供的,色卡的颜色配方比例是以相应的色母代号表示。标准色卡只能由涂料商提供。

（3）正确选择涂料

如果采用普通色漆进行调色,则参与调色的各色漆必须在品种、类型、用途、性能等方面配套,互溶性好。如果采用色母进行调色,则必须使用与色卡配套的色母系列。稀释剂和添加剂也必须与涂料配套。涂料调色时应遵循的基本原则是使用的各单色漆必须是同类型的。否则,不同性能的涂料混合后会产生沉淀、结块等质量事故。

（4）颜色调配

①计量调色。找到颜色配方,计算需要色母的数量,利用电子秤计量添加色母的重量。在添加色母时,最好首先倾斜漆罐,然后逐渐拉动操纵杆,让色母慢慢倒出。如果先拉操纵杆,在漆罐倾斜时就可能有大量色母立即倒出。为了精确控制色母流量,在漆罐倾斜后必须缓慢拉动操纵杆,如图 7-56 所示。虽然各种色母的重量因颜色而异,

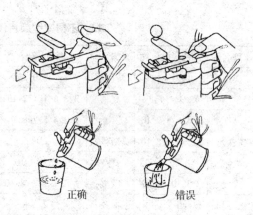

正确　　　　　错误

图 7-56　添加色母的操作

但是通常情况下一滴涂料的质量大约为 0.03g,三滴的重量在 0.1g 左右。根据这一情况,在添加用量较少的色母时一定要仔细称重。

在添加完所有色母后,要用搅杆或比例尺充分混合涂料(见图 7-57),以产生均匀的颜色。如果涂料粘到容器的内壁,要用搅杆刮下涂料,以防产生色差。

②经验调色。先调出试验性小样,从中找出所需颜色的主次关系和加入量,做好配比记录,为大量调制做准备。调色时,需以主色和调整色先调出基本色

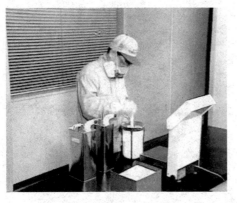

图7-57　　混合涂料

调，再由浅入深地调整到需要的色调、饱和度及亮度的颜色。

（5）及时进行颜色比对

搅拌均匀后的涂料，从色相、明度、彩度三方面与待调配的标准色板进行对比，以保证调配良好。当调配的颜色接近标准色时，边调制边比对，直到与标准色最接近或相同。颜色比对的方法有比较法、点漆法、涂抹法和制作色漆样板法。

①比较法。比较法是把调色棒上涂料的颜色与车身颜色直接进行比对。此法操作简便，但准确度不高。由于调色棒上的色漆未干，在比对时要考虑干、湿涂层有色差，即湿膜的颜色较浅，待其中的溶剂蒸发后颜色会变深。

②点漆法。点漆法是把试调的色漆滴在车身隐蔽的地方，待干燥后再进行比对。此法存在涂层厚度不一带来的色差。

③涂抹法。涂抹法是把试调色漆均匀涂抹在试板上，待干燥后再进行比对。此法也存在涂层厚度不一带来的色差。

④制作色漆样板法。将试调色漆喷涂在试板上，待干燥后与原车颜色进行比对。因试喷的涂层厚度接近于原车涂层，所以比对的精度高，但速度较慢。

（6）添加色母进行微调

颜色微调的方法是用搅杆进行颜色比较，利用试杆施涂法，使新涂层重叠部分以前施涂的混合物。这可以显示出变化的程度，或者添加色母的效果。如果还没有获得理想的颜色，再一点点地添加选择的色母，然后进行试杆施涂和颜色比较。在用该种色母进行的精细调色完成后，再找出涂料所缺的另一种颜色。这是一个比较和添加涂料的循环，循环重复直至获得理想的汽车颜色。

4. 精细调色技巧

如果颜色比较的结果表明，目标颜色与汽车的颜色不一样，那么便必须鉴定需要加哪一种颜色，继而添加那种颜色以获得理想结果，这个过程叫"精细配色"。

（1）鉴别涂料中所缺的颜色

素色漆调色中最重要的一点是鉴定混合物中所缺的颜色。操作时，将调配的涂料混合物的颜色与车身颜色比较，对照图7-58所示的孟塞尔立体颜模型，首先确定色调上的差异。例如，调配红色漆时，如果确定色调平面（如图7-59所示）上

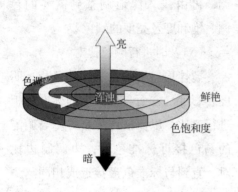

图 7-58　孟塞尔立体颜色模型

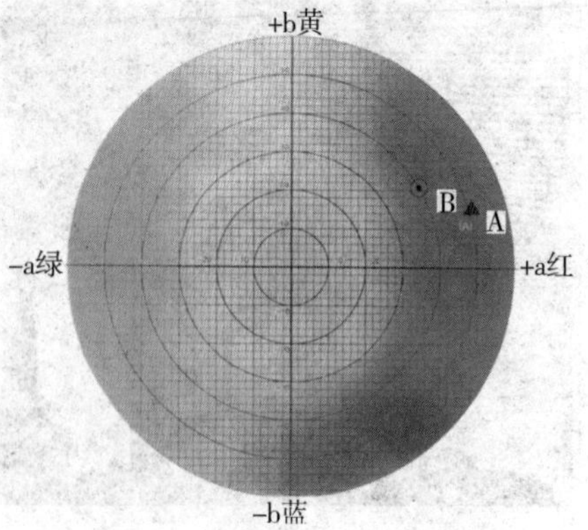

图 7-59　色调平面

与汽车颜色相配的区域是"A"，而混合物的颜色在色调平面上处于"B"位置，那么便可知道混合物的颜色中红色较弱，黄色较强。混合物与车身颜色相比，缺少红色色调。如果添加红色基本色，混合物就会变得比较红，从而更接近汽车颜色；如果添加蓝色，混合物的黄色就变弱，但是由于互补色的特性，混合物的明度就会降低。色调调整好后，用同样的方法鉴别混合物的明度和饱和度。

在这个过程中，第一个印象最为重要。因为人的眼睛用于确定所缺颜色的时间越长，就越习惯于样板。从而使判断变得困难。

对于初学者，可以采用下面的方法鉴别涂料中所缺的颜色：

放好几个杯子，分别向几个杯子中加入 5～10mL 的混合涂料，然后向每个杯子中加入 3 滴每一基本颜色的色母（见图 7-60），逐一彻底混合。利用试杆将杯子中的混合物分别施涂的不同的试件样板上，逐一与车身标准色板比对，如图 7-61 所示。然后确定哪一块试板上的颜色与车身标准板的颜色最为接近，由此可以鉴别出混合涂料中缺少的颜色。

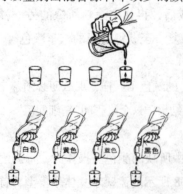

图 7-60　向几个杯子中加入不同色母

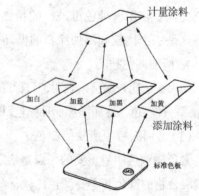

图 7-61　将试板上的颜色与车身颜色比较

（2）素色漆颜色的精细调整方法

精细调色过程中经常出现颜色添加过量、颜色变暗和颜色走色等问题，给实际的调色工作带来很大麻烦，有时导致调色失败，涂料浪费。碰到这些问题，一定要区别对待。

颜色添加过量。解决颜色添加过量一般的方法是加主色冲淡，或者加主色冲淡后再加入该颜色的互补颜色；如果颜色添加只有少量过量，则直接加入互补色就可以了。

涂料调配过程中颜色变暗。颜色变暗有两种情况：一种是颜色的饱和度降低，常见的方法加主色调，或者加入相应色调中颜色鲜艳的色母，例如白漆加入土黄色，当颜色变暗后，可直接加入鲜艳的柠檬黄，以提高饱和度；另一种情况是涂料的明暗度发生了变化，一般直接加白漆，但是加入白漆有变红的可能。

由于外部条件的影响导致颜色的变化叫"走色"，解决颜色走色有效的方法是先喷样板，视觉比色后，根据具体情况进行调整。

5. 调色所需要的工具设备

在进行面漆调色时用到的主要调色设备有调漆机、调色电脑、阅读机、电子秤、比色卡、调色灯箱、烘箱和试件样板等。

调漆机。调漆机（见图7-62所示）又称油漆搅拌机，调漆机有32.38、59、108等各种规格。调漆机由电动机、搅拌桨组成。涂料中的树脂、溶剂及颜料经过一段时间就会分离，经调漆机搅拌后很容易混合及倒出涂料。

调色电脑。调色电脑中存有所有色卡配方，用户只需将自己所需漆号和分量输入电脑就可以直接查阅计算好的配方数据，快捷、方便、准确，而且数据能及时更新，是一种先进的调色方法。调色电脑如图7-63所示。

图7-62　调漆机　　　　　　　　　　图7-63　调色电脑

阅读机。阅读机实际上相当于一台放大镜，用它可以观察微缩胶片。只要把所属车型的微缩胶片放进阅读机，放大镜的屏幕上就显示出调漆的方程式。

调色用的阅读机如图 7-64 所示。

电子秤。电子秤又称配色天平，是一种称涂料用的专用天平，可帮助计算适当的混合比。电子秤由托盘、电子显示器、集成电路板组成，如图 7-65 所示。

图 7-64　调色用的阅读机

图 7-65　电子秤

色卡。在色卡正面是不同的颜色组别，背面或其他部位有代表该颜色的配方代号，根据色卡上的代号可在颜色代码册或电脑中找到该颜色的具体配方。调色用的色卡如图 7-66 所示。

其他调色工具。调色灯、烘箱和试件样板都是调色过程中不可缺少的工具，其外形结构如图 7-67 所示。

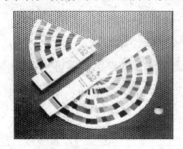

图 7-66　色卡

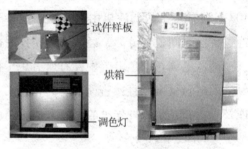

试件样板

烘箱

调色灯

图 7-67　调色灯、烘箱和试件样板

6. 确定颜色，查找配方

（1）用细蜡打磨油箱盖，如图 7-68 所示，用除油剂和干净毛巾擦拭，使油箱盖表面恢复原来的颜色。

（2）将色卡组中的色卡与油箱盖的颜色进行比对，找出与油箱盖颜色最接近的色卡，然后在色卡的反面找出对应的颜色代码。

（3）根据色卡上的颜色代码，在光盘或微缩胶片上找到相应的颜色配方。色卡代码对应的颜色配方见表 7-13。

图 7-68　用细蜡打磨油箱盖

表 7-13　色卡代码对应的颜色配方

序号	色母	累计体积（mL）	累计量（g）
1	白色	586.3	602.7
2	蓝色	614.6	628.1
3	黄色	645.1	662.9
4	黑色	657.2	675.3
5	调和清漆	1000.0	1007.4

（4）根据配方，在调漆机上找出相应的色母。注意：配方上有两组数据，一组为体积数，另外一组为对应体积的质量数，这两组数据通常都为累计数。为方便计量，在调色时选用的质量数。

（5）将配方中的每个色母的质量数据×0.2，就得到了调配200g涂料所需要的配方。

白色：602.7×0.2＝120.5

蓝色：（628.1－602.7）×0.2＝5.1

黄色：（662.9－628.1）×0.2＝7.0

黑色：（675.3－662.9）×0.2＝2.5

调和清漆：（1007.4－675.3）×0.2＝66.4

7. 根据配方进行调色

（1）准备好调色所需要的调色杯、电子秤、施涂拭杆、样板、喷枪、滤网、稀释剂等，如图7-69所示。

（2）打开电子秤开关，检查电子秤上的计量单位。

（3）清除电子秤上的数值。

（4）将调色杯轻轻放到电子秤上，将电子秤清零，如图7-70所示。

图 7-69　调色的工具准备

（5）按照配方依次加入色母，如图 7-71 所示。

（6）用玻璃棒将混合后的涂料搅拌均匀，如图 7-72 所示。

8. 颜色比较

（1）在小量杯中倒入 20g 混合涂料，按比例加入固化剂。

（2）用拭杆在试板上施涂不小于 30mm×30mm 的三角形，如图 7-73 所示。

图 7-70　将电子秤清零

图 7-71　根据配方加入色母

图 7-72　用玻璃棒将涂料搅拌均匀

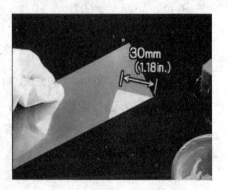

图 7-73　试杆施涂

（3）将样板放置到烘箱中烘烤，如图 7-74 所示。注意：烘箱温度不可设置过高，一般将烘箱温度设置为 60℃。

（4）涂料烘干后，取出试板冷却至室温，然后与标准板进行颜色比较，如图 7-75 所示。注意：比色时，要考虑到湿涂膜和干涂膜之间的颜色差异。一般情况下，同种涂料的湿涂膜颜色比较浅，干涂膜的颜色比较深，如图 7-76 所示。

9. 精细调色

鉴定涂料中所缺的颜色。参照色环图，在色调上将试板上的颜色与油箱盖上的颜色反复比较，初步确定涂料中缺少蓝色，如图 7-77 所示。向小量杯的混合物中加入两滴蓝色色母，再进行试杆施涂，发现试板颜色与油箱盖的颜色比较接近，由此判断混合涂料中缺少蓝色。用同样方法比较混合涂料的明度，发现两者之间的明度基本一致。

图 7-74　将样板放置到烘箱中烘烤

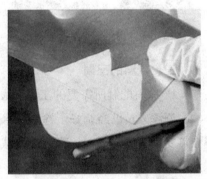

图 7-75　与标准板进行颜色比较

图 7-76　干湿涂膜的颜色比较

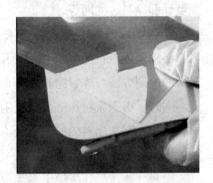

图 7-77　将试板上的颜色与油箱盖比较

确定添加蓝色色母必要的量。取 3 个一次性纸杯和 3 块试板，用笔分别在纸杯和试板上标出 1、2、3 的字样；向各自的纸杯中加入 10mL 混合涂料，然后依次在 1、2、3 号纸杯中加入两滴、三滴、四滴蓝色色母；充分搅拌后分别施涂在 1.2.3 号试板上，进行颜色比较，结果发现 2 号试板的颜色与油箱盖的颜色极为接近。因此，2 号纸杯中添加的量为蓝色色母的必要添加量。

模拟面漆喷涂的环境，取 2 号纸杯中的混合涂料，在试板上喷涂（见图 7-78），干燥后进行颜色比较。发现两者之间基本上没有颜色差异，如图 7-79 所示。因此，面漆的调色完成。

图 7-78　用喷枪在试板上喷涂

图 7-79　喷涂样板与油箱盖颜色的比较

三、涂料的配制

1. 涂料配制所需要的工具和设备

调漆人员已经调好了涂料的颜色，现在需要加入固化剂和稀释剂配制成适合喷涂要求的涂料，如图 7-80 所示。

涂料配制的器具有涂料杯、比例尺、黏度计和涂料过滤网等。

要能熟练地配制适合喷涂要求的涂料，必须熟悉涂料配制工具的使用，掌握涂料的配制方法，练习涂料配制的操作技能。同时，由于涂料和溶剂都是有毒和易燃物质，在配制涂料的同时，还必须做好卫生安全防护工作。

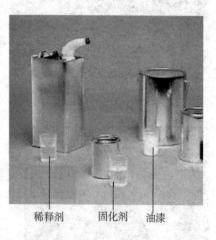

稀释剂　　固化剂　　油漆

图 7-80　工具和设备

涂料杯。涂料杯必须干净无异物，其外形必须是圆柱形，若是锥形，会对涂料的配制比例产生影响。配制涂料最好使用上下口径一样的直筒型容器（见图 7-81），用聚丙烯制造的一次性涂料杯在实际的生产中用得很广。

比例尺。比例尺是一种用金属或塑料制成的尺子（见图 7-82），上面带有刻

图 7-81 涂料杯

图 7-82 比例尺

度记号，可计量适当数量的固化剂、稀释剂。一般比例尺上都有 3 列刻度，从左侧开始，第一列刻度指示涂料的加入量，第二列指示固化剂，第三列指示稀释剂。例如，NEXA 公司提供的比例尺选用铝制底材，两面分别用不同颜色表上不同的比例刻度，其中黑/绿一面是为配制比例为 2:1，稀释用量的质量分数为 5%～40% 的产品而设计的，黑/红一面则是为配制比例为 4:1. 稀释剂用量的质量分数为 5%～40% 的产品设计的。使用比例尺避免了涂料、稀释剂等称重配制时的麻烦，便于涂装操作简化。但必须注意，各大涂料公司的比例尺一般不可混用。

黏度计。黏度计用来检验涂料的配制结果是否符合涂料的施工黏度，在车身修补涂装中常采用福特杯黏度计、涂-4 黏度计（见图 7-83）、扎恩杯黏度计测量涂料黏度，计量单位为"s"。黏度计的工作原理是以一定数量的涂料通过特制小孔流出的时间来测量涂料黏度的，这个时间应等于涂料制造商给定的数值。

涂料过滤网。涂料过滤网（见图 7-84）是将已调制好的涂料倒向喷枪时，过滤掉容易堵塞喷枪或影响涂层表面质量的颗粒等。习惯上常用筛目号来表示过滤网的规格，一般有 80 目、100 目、150 目、180 目、200 目 5 种规格。具体使用情况见表 7-14。

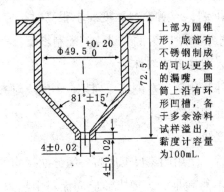

上部为圆锥形，底部有不锈钢制成的可以更换的漏嘴，圆筒上沿有环形凹槽，备于多余涂料试样溢出，黏度计容量为 100mL。

图 7-83 涂-4 黏度计

图 7-84 涂料过滤网

表7-14　涂料过滤网的使用情况

过滤网筛目数	80	100	150	180	200
涂料	中涂底漆和金属漆		素色漆		清漆

2. 涂料的配制方法

涂料调色完毕后，须按照一定的比例添加固化剂、稀释剂，充分并混合，以适应面漆施工的要求。

(1)涂料配制的混合比例

在涂料配制中，涂料、稀释剂及添加剂等的表示方法有百分数、比例和质量份数3种。百分数就是每种涂料必须按某种比例或几分之几加入。如某种涂料稀释率为50%，就是指两份涂料必须用一份稀释剂来稀释。比例数表示所需每种材料的定量值。第一位数字一般是指涂料数量，第二位数字表示固化剂，第三位数字表示溶剂(或稀释剂)的数量。如比例为4:1:1表示4份涂料、1份固化剂和1份稀释剂进行混合。质量份数混合是定量的涂料与定量的其他材料混合，如稀释率为25%，即4份涂料用1份稀释剂稀释。

(2)涂料配制的方法和步骤

涂料配制的方法和步骤如下：

①核对涂料的类型、名称、型号及品种应与所选的涂料完全相符。在开盖前，应在调漆机上搅拌15分钟以上，使涂料混合均匀。

②打开涂料桶盖后，观察涂料是否有结皮、沉淀、变色、变稠、浑浊、变质等质量问题。若存在质量问题，应更换或处理后再使用。

③将一定数量的涂料及配套稀释剂按照说明书上要求的稀释率混合，用搅拌杆充分搅拌均匀后，检查涂料的黏度是否符合要求。

④对于双组分和多组分涂料的混合配制，或对涂料黏度要求很高时，应采用比例尺配制。下面以双组分涂料(比例为4:1:1)为例，讲述其配制步骤：

⑤将与该涂料对应的比例尺垂直放入圆柱形涂料杯中。

⑥将颜色调好的涂料倒入涂料杯，并与比例尺左侧第一列某一刻度线对齐。

⑦倒入固化剂至比例尺第2列数字的相同刻度线。

⑧倒入稀释剂至第3列上相同的刻度线。

⑨按比例加入正确数量的各种材料后，使用调漆尺彻底将各组分搅拌均匀。

⑩辅助材料的添加。如果施工环境不能满足涂装要求，应向涂料中加入适量的添加剂。如环境湿度较大，涂层表面出现发白、发黏等质量缺陷时，应在

涂料中加入适量的防潮剂和催干剂。

⑪检查涂料的黏度。为了确保面漆的施工性能，提高涂膜的质量，喷涂前要进行涂料的黏度的检查，如果涂料的黏度不符合要求，则需要加入涂料或稀释剂进行调整。

（3）涂料配制后可能出现的病态

涂料配制后可能出现的病态现象和病态原因见表7-15。

表7-15　涂料配制后可能出现的病态现象和病态原因

序号	病态现象	病态原因
1	浑浊	（1）溶剂溶解度差，部分涂料不溶解 （2）涂料中含有水分和杂质，加上贮存环境温度太低，使成膜物质析出造成浑浊 （3）性质不同的两种涂料混合造成混浊
2	沉淀	（1）涂料中有杂质或不溶性物质 （2）清漆长时间暴露在空气中，胶体被破坏而沉淀 （3）溶剂、稀释剂使用不当 （4）颜料密度过大，颗粒较粗，体质颜料过多，涂料黏度低 （5）颜料分散不均匀或涂料贮存时间过久而沉淀
3	变色	（1）清漆变色是由于溶剂极易水解，与铁反应，生成黑色的铁氧化物 （2）纤维酯分解腐蚀容器 （3）清漆内的酸性树脂与铁桶内壁反应生成红色 （4）色漆变色是由于颜料褪色，金属颜料变色 （5）复色漆中几种颜料的密度不同，密度大的下沉，密度小的浮在上面而变色 （6）金属漆变色是因为涂料中的游离酸对金属闪光颜料的腐蚀作用
4	结皮	（1）桶装不满 （2）桶封闭不严
5	干燥速度慢	（1）涂料所用的溶剂挥发太慢 （2）涂料储存时间太长

3. 涂料配制中的安全防护

目前使用的涂料或溶剂等都是易燃和对人体有害的物质。在涂料调制过程中，当这些物质挥发到一定程度，且接触明火时，容易引起火灾或爆炸事故。涂料配制时，操作人员应戴好防护器具，以免长期皮肤接触和吸入体内引起慢性中毒。因此，在配制涂料时应做到以下几点：

（1）涂料配制应在通风良好的环境中进行，以保护操作者的身体健康，降低有机溶剂在空间中的弥漫度。

（2）涂料配制时应远离高温物体，严禁吸烟或靠近明火。

（3）在配制有毒性的涂料时一定要做好个人安全防护工作。

4. 涂料配制前的准备

卫生防护准备。穿戴好尼龙工作服、工作帽、防滑耐溶剂工作鞋、耐溶剂手套、护目镜和双筒过滤式防毒面具等防护用品。

工具和材料准备。先准备好配制涂料用的涂料杯、电子秤、比例尺、涂料搅拌杆、涂料过滤网和黏度计，然后找出与涂料相配套的固化剂和稀释剂。

确定涂料的配制比例。查找涂料说明书，发现涂料的配制比例为 2 : 1 : 5% ~10%，涂料的喷涂喷涂黏度在 20℃ 时为 16~20s。

计算固化剂和稀释剂所需要的量。为了避免调整涂料黏度带来的麻烦，涂料的稀释率取 10%，采用称量法准确确定各成分所需要的量。

已知颜色调好的涂料为 200g，则固化剂和稀释所需要的量为：

固化剂：$200 \times 1/2 = 100$

稀释剂：$200 \times 10\% = 20$

5. 涂料的调配

（1）将装有涂料的涂料杯放在电子秤上，然后将电子秤清零，如图 7-85 所示。

（2）向涂料中加入固化剂，如图 7-86 所示。加入固化剂时，要注意电子秤上的数字变化，切忌加入过量。

图 7-85　将电子秤清零

图 7-86　向涂料中加入固化剂

（3）将电子秤清零，然后向涂料中加入稀释剂，如图 7-87 所示。由于稀释剂的量较少（只有 20g），要缓慢加入，防止大量的稀释剂冲入涂料。

(4)加入各种材料后，要用搅拌杆充分搅拌（见图7-88），使各组分混合均匀。

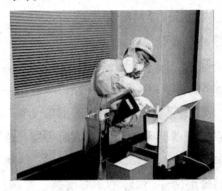

图7-87　向涂料中加入稀释剂

图7-88　用搅拌杆混匀涂料

6. 涂料黏度的检查

将干净的涂料杯放置在福特4号杯的底座上，通过底座上的调整螺钉将黏度计调至水平。

将一块厚橡胶板放于涂料杯底部并用手托住，堵住涂料杯底部的流出孔。

向涂料杯内缓缓倒入涂料，直至涂料杯规定的刻度线，并搅拌消泡，用刮板刮除涂料杯顶部多余的涂料。

撤去橡胶板的同时，按下秒表（见图7-89），待涂料流束刚断线时停止计时。秒表的读数即为涂料的黏度值。

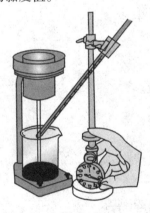

图7-89　涂料流出时按下秒表

重复上面的检测操作一次，计算两次操作的平均值，发现涂料的黏度为18s，符合涂料商提供的喷涂黏度要求。注意：两次测试的涂料黏度值之差不能大于平均值的3%，否则需要重新测量。用不同的黏度计测量同一涂料，测得的黏度值可能不同，涂料商在规定涂料的黏度时，也提供了所使用的黏度计，所以在检查涂料黏度时，应使用涂料商说明的黏度计。

涂料的配制比例和涂料黏度符合喷涂要求之后，涂料配制完成。

四、翼子板银粉漆萨塔 HVLP 喷枪点修补工艺流程

检查损伤在可修补区域→防护→除尘→除油→80 除旧漆→120 打磨羽状边大小便于打磨和尽量小→除尘→除油→刮涂原子灰→磨原子灰→外扩→除尘→除油→贴护→送入烤漆房→0.8 薄喷中途区域在原子灰区域（在原有面漆没有干的时候如果中途喷涂湿厚，容易咬底，所以，先薄薄喷两层，再喷后一层，或者再喷两层）→出去贴护→吹尘→除油→加软垫用 500 号磨中途 1→磨到边缘雾化→喷水性研磨膏→用灰色菜瓜布沾上研磨膏磨清漆（清漆磨不要磨透，否则，再喷面漆容易咬底）→送入烤漆房→第一次薄薄喷一层面漆（0.6）→粘尘→喷第二次面漆（0.6）→用力粘尘（去除飘漆点）→过渡（压力 0.6）→用力粘尘→喷清漆 1.5。

五、翼子板银粉漆萨塔 HVLP 喷枪点修补工艺流程

①磨边 1000 号银粉棉。

②800 号砂纸加软垫磨去清漆，减薄。

③500 号砂纸打磨中途，清漆过渡的扩两倍，不过度打磨中途。

④加水。

⑤1000 号银粉纱棉磨表面和边缘。

⑥灰色菜瓜布打磨头除尘。

⑦加水擦净。

⑧除油。

⑨粘尘——半干喷面漆。

⑩粘尘——全湿喷面漆。

⑪粘尘——干喷面漆。

⑫半面雾罩清漆，厚喷清漆（实慢，2.5 圈、1.6～1.8、全开、4000RP）。

六、资讯

1. 翼子板边缘局部损伤的特点：_____

_____

_____。

2. 翼子板边缘局部损伤常用的修补方法：_____

3. 翼子板边缘局部修补的流程：_____

_____ 。

4. 翼子板边缘局部各个阶段的操作工艺和参数：_____

_____

_____

_____

_____

_____

_____

_____

_____

_____ 。

七、决策

1. 进行学员分组，在教师的指导下，探讨练习翼子板的边缘局部修补工艺和流程。

2. 各小组选出一名负责人，负责人对小组任务进行分配。组员按负责人要求完成相关任务内容，并将自己所在小组及个人任务内容填入表7-16中。

表7-16　小组任务

序号	小组任务	个人职责（任务）	负责人

八、制订计划

根据任务内容制订小组任务计划，简要说明翼子板银粉漆边缘局部修补流程和方法，并将操作步骤填入表7-17中。

表 7-17　翼子板点修补工艺流程

序号	作业内容	操作工艺
1		
2		
3		
4		
5		
6		
7		
8		
9		
10		
11		
12		
13		
14		
15		

九、实施

1. 实践准备，见表 7-18。

表 7-18　实践准备

场地准备	硬件准备	资料准备	素材准备
四工位涂装实训室、对应数量的课桌椅、黑板一块	各种原子灰、翼子板 30 块、喷枪 6 把、打磨工具 6 套、耗材若干和银粉漆色母 1 套	安全操作规程手册和 PPG 银粉漆使用说明	银粉漆边缘局部修补视频

2. 进行翼子板银粉漆的边缘局部修补，并完成项目单填写，见表 7-19。

表 7-19　项目单

操作内容	使用的设备和工具	操作方法	注意事项

十、检查

在完成翼子板银粉漆边缘局部修补后，请将操作的结果填写在表7-20中。

表7-20　检查

检查过程：

检查结果：

十一、评估与应用

思考：写出如何进行翼子板银粉漆边缘局部修补？翼子板银粉漆边缘局部修补的注意事项有哪些？见表7-21。

表7-21　评估与应用

记录：